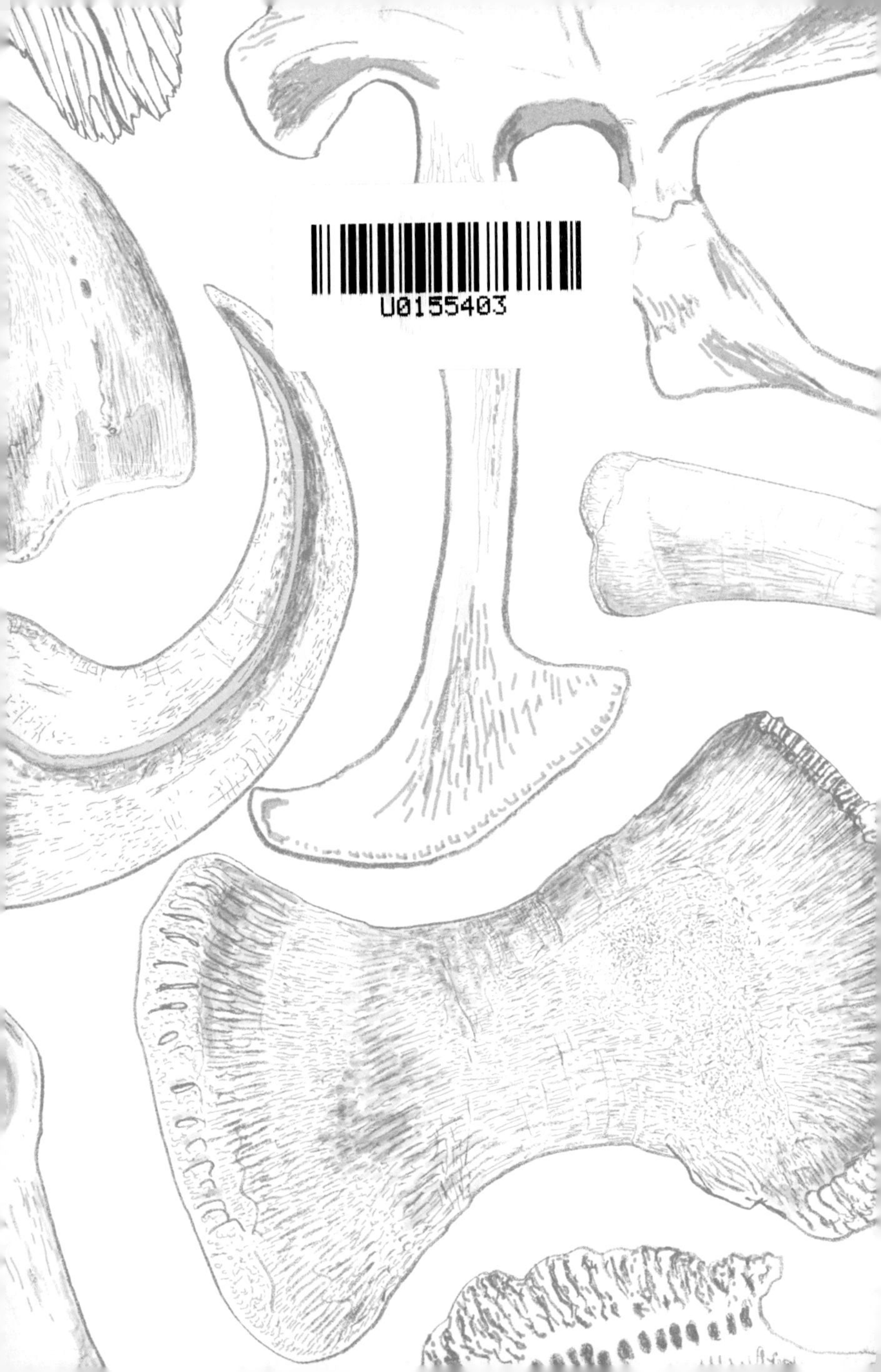

知乎

有问题 就会有答案

恐龙词典

Dinopedia

A Brief Compendium of Dinosaur Lore

[美] 达伦 · 奈什 著/绘
余琮煜 译

贵州科技出版社
· 贵阳 ·

著作权合同登记 图字：22-2023-022号

图书在版编目（CIP）数据

恐龙词典 /（美）达伦· 奈什著、绘；余琮煜译
. --贵阳：贵州科技出版社，2024.1
ISBN 978-7-5532-1237-1

Ⅰ. ①恐… Ⅱ. ①达… ②余… Ⅲ. ①恐龙—词典
Ⅳ. ①Q915.864-61

中国国家版本馆CIP数据核字（2023）第143090号

恐龙词典
KONGLONG CIDIAN

出版发行 贵州科技出版社
地 址 贵阳市观山湖区会展东路SOHO区A座（邮政编码：550081）
出 版 人 王立红
经 销 全国各地新华书店
印 刷 河北中科印刷科技发展有限公司
版 次 2024年1月第1版
印 次 2024年1月第1次印刷
字 数 156千字
印 张 9.25
开 本 880mm × 1230mm 1/32
书 号 ISBN 978-7-5532-1237-1
定 价 69.80元

前 言
Preface

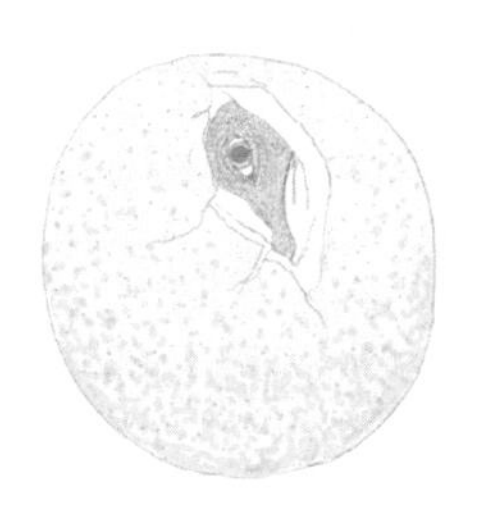

作为一群在6550万年前灭绝的动物，恐龙（确切地说是非鸟类恐龙）一直激发着我们的想象力。尽管随着时间的推移，有关恐龙的影视剧流行程度起起落落，但长期从事恐龙主题科普与科学研究的我依然相信，人们对恐龙的兴趣经久不衰，不会消失。

为什么我们与恐龙之间存在这样的联系？其中的原因很复杂也并不容易概括，但我想试着讲一讲。的确，很多恐龙体形巨大，很多人敬畏它们的凶猛外表，或是忌惮它们暗合了神话传说中龙的形象。但恐龙也是动物，它们拥有优雅的线条、流线型身材、引人注意的脸庞，周身覆有褶皱、突起和其他结构，肌肉发达的上臂带有钩子一样的爪子，以及柱子一样粗壮的后腿。这些特点使得恐龙成为一类外表有型、看上去很吸引人的动物，堪比大型猫科动物（简称大猫）、熊、科莫多巨蜥，巨鱼或者鲸鱼（上述动物对人们都有明显的吸引力）。因此，我的第一层观点便是，坦率地说，我们喜欢恐龙是因为它们看起来有型。

但恐龙不只外表炫酷而已，毕竟类似的现生动物同样能吸引我们的注意力。恐龙可是“超级动物”。你并不需要成为古生物学家、解剖学家或者任何领域的专家，也能在看到蜥脚类恐龙、三角龙或者霸王龙骨架的时候，就意识到它们非比寻常。巨大且修长的腿部显示出恐龙的敏捷、强壮，它们的体格酷似加强版的巨型哺乳动物或者鸟类，却拥有爬行动物的外表。头颈的形态展现出它们活跃的行动能力、敏锐的知觉与捕食能力。庞大的躯干、宽阔的肩带和腰带为恐龙的巨颚、粗壮的四肢及强壮的尾巴提供了动力。尽管熊、老虎、鳄鱼、科莫多巨蜥、大象、犀牛等都很神奇，但我必须重复一遍，恐龙确实非同寻常，远超现生生物里最神奇的种类，也远超我们在现代世界里所能感知的一切。也许巨大的鲸鱼能与恐龙匹敌，但它们明显属于海洋而不属于陆地。因此我的第二层观点是，我们喜欢恐龙，因为它们是一群在机能、力量和能力等各方面都超过现生动物的“超级动物”。

如今，我之前提到的大型动物，如大猫、熊、鳄鱼和大象等，都面临危机。它们的世界正在因为我们无休止地索取而萎缩，它们本已稀少的种群数量正在变得更少。大多数人了解并且痛心于这样的现实，正在努力设想如何为这些生物创造光明的未来。然而，在遥远的地质年代，动物当然生活在一个没有人类的世界中，将它们视为人类一样的生物不仅可以消除我们可能有的任何罪恶感、悲伤或担忧，还可以让我们审视它们曾经生活过的广阔自然——这是我的第三层观点。我认为所有人内心深处都对真正的荒野，那种没有被人类活动践踏的自然感到着迷。这些迷人且令人敬畏的生物曾经组成庞大的兽群，在混乱而未经驯化的无人世界里争夺交配权、厮杀、进食、捕猎、交配、挣扎、繁衍和成长，度过一生。那里有未遭破坏的森林、广阔的沼泽和三角洲、平原和沙漠。我想这些已经超越了我们在今天能够目睹的一切，而且在我看来，这绝不是微不足道的小事。

我的第四层观点，也是最后一层观点：恐龙引起了各种各样的疑问与争议。其中当然包括学术问题，例如恐龙的起源、分布规律、演化树的形态等；但也包括了所有人都可以参与讨论的话题，例如霸王龙如何生存？恐龙活着的时候是什么样的？恐龙是什么颜色的？它们的声音是什么样的？什么原因导致了恐龙灭绝？有关恐龙的问题多过其他任何种类的动物。因此，我的第四层观点就是，我们之所以被恐龙吸引，是因为它们一直且永远是很多有深远意义的问题的来源。这是一件好事，恐龙就像是科学大使，引领人们前往博物馆，鼓励人们去认识和理解自然世界。

那么，恐龙为什么如此受欢迎？因为它们外形出众，因为它们各个方面都令人惊叹，因为它们曾经统治了一个广阔、纷乱、繁杂的世界，还因为它们是无数有着深远意义的问题的来源。

在写作过程中，我对本书的构想经过了几次变化。最初，我想写一本关于恐龙不断变化的形象的导读式作品，因为恐龙经常出现在流行文化中。人们对远古生命的认知在很大程度上受到艺术作品、博物馆展览和书籍的影响。我一方面热衷于收集资料，另一方面也亲身经历了现代恐龙形象构建的关键时期（20 世纪 70 年代晚期、80 年代，以及 90 年代早期）。我希望展示我们对恐龙世界的理解是如何扎根于那个时代的书籍、杂志、插图、插画和电影的。本书中的部分词条会介绍当时的权威作者、艺术家、书籍和展览，也会讨论我们对恐龙形象的认识如何在刻画、想象与描述它们的过程中发生改变。

尽管书中做了部分保留，但在写作过程中我还是逐步削减了以上内容，因为我认为本书更应该着眼于恐龙本身。例如，在谈论食肉牛龙这种阿贝力龙科兽脚类恐龙的艺术形象前，我必须拿出篇幅来阐述阿贝力龙类和兽脚类恐龙。因此，最终我还是决定在书中写下对恐龙类群本身的描述。

在对不同的恐龙类群进行描述时，我脑海中有一个挥之不去的想法：我们对这些类群所包括的物种，它们在生命树上所处的位置，以及不同类群之间关系的看法，会随着时间的推移发生重大变化。在未来本书的修订版中，我将会讲述我们对恐龙演化历史的理解经过了怎样的起伏和转折，以及出现过哪些不同的概念与模型。但这实在是一个过于复杂且专业的话题。我们确实需要这样一本书，而我希望它有朝一日可以出版。

此外，本书还介绍了恐龙的多样性，内容虽然简洁，但不失趣味和深度。尽管我所写的内容未能涵盖所有方面（若要面面俱到，本书的篇幅将更为庞大），但至少能公允地向读者展示恐龙的多样性、生物学特点，以及演化历史。

但在这里，我必须说明我不得不略去一些特定内容。非鸟类恐龙生活在中生代，时间跨度从 2.51 亿年前到 6600 万年前。中生代在时间上介于古生代与新生代之间。中生代可以分为三段，在地质学上称为“纪”，分别是三叠纪（2.51 亿年前～ 2.01 亿年前），侏罗纪（＞ 2.01 亿年前～ 1.45 亿年前）和白垩纪（＞ 1.45 亿年前～ 6600 万年前）。恐龙起源于三叠纪并演化出多样性，在侏罗纪和白垩纪成为陆地霸主，最后在白垩纪末期灭绝。

这些“纪”通常可以分为早、中、晚三段，称为“世”（白垩纪没有中段，因为在沉积岩记录中无法识别）。纪还可以更详细地划分为“期”。一般来说，每个“期”延续大约 500 万年。大多数恐龙属种在每个“期”中都是独一无二的，因此在专业讨论中更倾向于将一种恐龙和其生活的“期”而不是“纪”相联系。例如，霸王龙和三角龙（*Triceratops*）生活在晚白垩世的最后一个“期”——马斯特里赫特期。不同“期”的名称对非专业人士来说非常陌生，因此我在书中尽可能避免使用这些名称。

在整个中生代 1.85 亿年的时间里，世界是什么样的呢？很难一言以蔽之。在恐龙起源的时代，各个大陆聚合在一起构成泛大陆；泛大陆周围是浩瀚的泛大洋。泛大陆并不是“大陆祖先”，而是各个大陆之间反复碰撞、分裂、再碰撞的结果。在侏罗纪时，泛大陆分裂为北方的劳亚古陆和南方的冈瓦纳古陆，在这两块大陆之间的海洋被称为特提斯洋。南北分离的大陆造成恐龙在演化上形成不同的“北方”与“南方”动物群。泛大陆气候干燥，拥有广袤的沙漠。在泛大陆解体后，气候变得湿润，森林覆盖面积变大，四季更加分明。

侏罗纪和白垩纪的历史主要是劳亚古陆和冈瓦纳古陆逐渐分裂的历史。冈瓦纳古陆一分为二，南大西洋开始形成。印度、马达加斯加、非洲、南美洲和澳大利亚各自分离，其中一些最终与北方的大陆发生碰撞。劳亚古陆也在分裂，进而形成北美洲和欧亚大陆，尽管这一切直到白垩纪才最终发生。这些变化导致了一个地域特征更明显的世界（动物种群的分布更有可能局限于特定的地区），同时也带来了更加凉爽、季节性更强的气候。洋流的交汇日益兴盛，在地球北极与南极形成了温度更低的海洋。

晚白垩世的世界在很多地方看起来会更接近现代，无论在植物类群还是气候上，都很接近现代的亚热带和温带地区。气候模型以及从植物和沉积物中得到的证据显示，白垩纪的极地地区冬季的气温足以产生季节性的降雪与冰层，夏季的气温温暖到能够容纳广袤的森林。尽管存在寒冷的冬季和漫长的极夜，恐龙依然在这些地方生存。也就是说，中生代的恐龙完全生活在温暖潮湿的热带环境的观点并不正确。

恐龙在生命树上的位置在哪儿呢？恐龙属于爬行动物中一类叫作“主龙类”（Archosauria）的动物，有时也被称为“占据统治地位的蜥蜴”。恐龙和其他主龙类动物一样，其头骨的侧面有一个额外的开孔（称为眶前孔），股骨远端有强壮的肌肉附着点，以及其他一些共同特征。主龙类动物在演化早期分为两支，一支是鳄鱼（生存至今），另一支是鸟类。鳄鱼的支系 [专业名称是镶嵌踝类（Crurotarsi）或者伪鳄类（Pseudosuchia）] 中远远不止现存的鳄鱼。它们曾经在三叠纪一度繁盛，其中的一些看起来完全不像鳄鱼，而是更像最终替代它们的恐龙的原型。但本书不会讲这些家伙的事情。

鸟的支系 [专业名称是鸟颈类（Ornithodira）] 包括了翼龙、恐龙，以及一群生活在三叠纪的小型四足或双足动物。长有膜质翅膀的翼龙是恐龙的近亲，但因为它们不是恐龙，所以本书没有详细介绍它们。在鸟的支系中，最重要、最多样化且在演化上最成功的类群是恐龙，起源于大约 2.4 亿年前的三叠纪并延续至今。现在我们知道了这个有点复杂但是非常重要的事实：鸟类不仅仅是恐龙的近亲，鸟类本身就是恐龙。

如同蜥脚类和剑龙，鸟类也是恐龙，这也就好比灵长类和蝙蝠是哺乳动物一样。具体来说，鸟类属于一类被称为兽脚类恐龙的肉食性恐龙，它们与窃蛋龙（*Oviraptor*）、伤齿龙（*Troodon*）和伶盗龙（*Velociraptor*）亲缘关系接近（全部都身披羽毛，而且外形与鸟类极为相似）。支持鸟类就是恐龙的化石证据非常充足，书中的多个词条会讨论这些证据，以及我们是怎样发现它们的。近几十年来越来越多的证据显示，相比于其他恐龙，鸟类并没有显得非常独特。起源于侏罗纪的鸟类仅仅是若干相似的有羽毛兽脚类恐龙类群之一，直到大约1亿年后的晚白垩世，它们才真正变得不同寻常（例如缩小的体形、无牙的角质喙、高度特化的前肢与肩关节，还有缩短的尾部）。忽视或者低估“鸟类是恐龙辐射演化中的重要部分”这一事实，无异于自欺欺人。鸟类演化过程不仅有趣，而且对我们理解演化历史和生物多样性具有重要意义。我要强调的一点是，“鸟类就是恐龙”对我们讨论恐龙的多样性、生物学特征、解剖结构、演化历史，以及恐龙在生物演化中扮演的角色而言都至关重要。

这个发现证明恐龙并没有灭绝，它们没有在白垩纪末期全部消亡。另一个结果则与术语有关：大众语言中，“恐龙”一词通常指代一群灭绝的大型爬行动物，但如果鸟类就是恐龙，就如同蝙蝠是哺乳动物一样，那么在看到鹦鹉或者麻雀时，人们完全可以说“快看这些可爱的小恐龙”。但必须明确的是，鸟类本质上是恐龙这一点有时会变得无关紧要：关于现代鸟类的一些讨论（例如观鸟、养鸟和鸟类保护工作）完全可以在不需要知道这一点的情况下开展。

在一些时候，我们有必要思考鸟类就是恐龙这一事实；而在另一些时候，我们需要区分鸟类和其他恐龙类群。有些奇怪但是必要的术语“非鸟类恐龙”是目前最好的叫法了，你会在本书中频繁看到它。当“恐龙”一词被单独使用的时候，应当认为它包含了所有恐龙，从三角龙、梁龙（*Diplodocus*）到霸王龙、伶盗龙、麻雀和乌鸦。

在术语方面，我在撰写本书时假设了一些最基本的知识。对于动物的名称，我们不可能在不使用复杂专业名称的情况下描述它们，比如我们显然无法简化擅攀鸟龙类（scansoriopterygids）或者后凹尾龙（*Opisthocoelicaudia*）这类词语，因为根本就不存在其他写法。我想提醒读者的是，书中的内容是交叉引用的，在一个条目中出现的陌生提法在书中其他地方也有它自己的条目。

为了方便与简洁，我使用了“类群”（taxon）一词。类群可以描述亚种或更高级别的生物单元。高胸腕龙种（*Brachiosaurus altithorax*）是一个类群，腕龙属、腕龙科、蜥脚类恐龙、恐龙、爬行动物等也都是类群。我还频繁使用了另一个相似的非特定术语“演化支”（clade）。演化支包含了源于一个共同祖先的所有后代。鸟类是一个演化支，蜥脚类恐龙是一个演化支，包含了鸟类的恐龙同样也是一个演化支。“非鸟类恐龙”则不是一个演化支，这是因为来自共同祖先的后代中有一部分没有被包括进去。

既然已经谈到了演化关系，那么熟悉林奈分类系统（即属组成了科，科组成了目，目又组成了纲，以此类推）的读者也许会注意到，我属于放弃这一系统的研究者。我认为这个系统造成了对演化历史和生物多样性的种种偏见，具有误导性且有害。人们可以通过使用“演化支”的概念来避免这些危害。

在这本面向大众的科普书中，我会尽量使用通俗的语言来描述恐龙类群。例如，我会把装甲龙类（Thyreophora）和似鸟龙科（Ornithomimidae）的成员分别称为装甲恐龙（thyreophorans）和似鸟龙（ornithomimids）。通俗语言中的词汇全部使用小写字母，而对应的专业术语则会使用首字母大写。在某些情况下，事情会变得有点复杂。例如，当我们提到“暴龙”（tyrannosaurs）时，是指暴龙科（Tyrannosauridae，包括霸王龙及其近亲）的成员，还是暴龙超科（Tyrannosauroidea，包括暴龙科和其他若干支系）的成员呢？这就解释了书中为什么使用“暴龙科物种”（tyrannosaurid）和“暴龙超科物种”（tyrannosauroid）这样的词，而不是模糊不清的“暴龙”（tyrannosaur）。

最后，我知道我选的话题会有些偏颇和特殊。例如，为什么把约翰·奥斯特罗姆（John Ostrom）和哈兹卡·奥斯莫尔斯卡（Halszka Osmólska）写入词条，对其他同样值得关注的古生物学家却少有提及？为什么描写了凹齿龙形态类（rhabdodontomorphs）而忽略了真薄板龙类（elasmarians）？为什么我提到了“鸟类先诞生”模型，却没有写“恐龙的多系性”模型？这是因为一本书篇幅有限，我必须在内容上有所取舍。最后，我挑选了我个人认为具有启发性、有趣的，以及和我想绘制的图画最接近的内容（参见前文提到的重要时期20世纪70年代晚期、80年代和90年代早期）。我希望读者能够理解，并希望你们喜欢我所选择的内容。

目　录

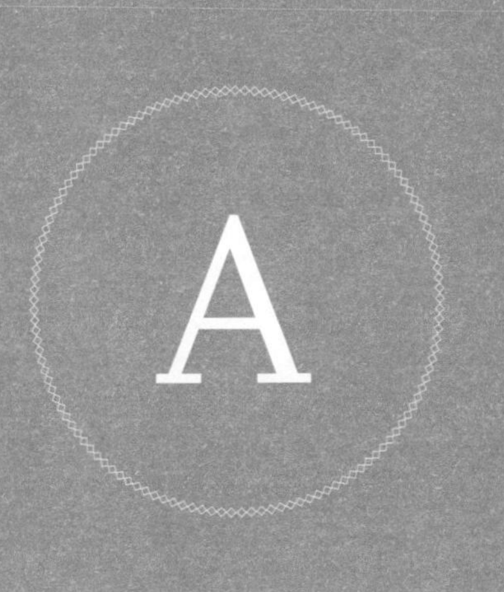
A

Abelisaurids

阿贝力龙类

阿贝力龙类是主要分布于白垩纪时期冈瓦纳古陆的兽脚类恐龙，以短小的前肢、宽阔深厚的吻部和通常有角的头骨而闻名。对阿贝力龙类的研究始于何塞·波拿巴（José Bonaparte）和费尔南多·诺瓦斯（Fernando

食肉牛龙

Novas）在 20 世纪 80 年代对阿根廷晚白垩世的阿贝力龙和食肉牛龙所作的描述。阿贝力龙（*Abelisaurus*）和食肉牛龙（*Carnotaurus*）体形巨大，体长可达 8 米。少数几种阿贝力龙可能更加巨大，例如在巴西发现的密林龙（*Pycnonemosaurus*）体长可能超过 9 米。食肉牛龙之所以出名，不只是因为其头上的角，还因为其标本是目前唯一保存了皮肤印痕的恐龙标本。这些印痕显示，它头部圆锥状的角（每个大约 4 厘米宽）来源于典型的恐龙的鳞片状皮肤。

波拿巴和诺万曾提出阿贝力龙类属于肉食龙类（Carnosauria），当时人们以为这个类群包括了所有大型的、长有厚重头颅的兽脚类恐龙。他们认为，在肉食龙类中，阿贝力龙类与同样有角的侏罗纪的角鼻龙（*Ceratosaurus*）亲缘关系接近。不过，到了 21 世纪初，主流观点已将角鼻龙和阿贝力龙类归为角鼻龙类。

随着更多阿贝力龙类化石在阿根廷、巴西、印度、巴基斯坦和法国被发现，我们对其演化历史的理解也变得更加复杂。其中一个分类非常稳定、拥有粗壮大腿的支系——玛君龙亚科（majungasaurines）物种的化石出土于马达加斯加、印度和法国；来自南美洲的大多数物种则属于面部较短的类群短吻龙类（Brachyrostra）。阿贝力龙类化石的分布表明，它们在白垩纪冈瓦纳古陆分裂前就已经广泛分布。因此，非洲的阿贝力龙类化石之所以稀少，很可能只是取样偏差造成的。然而，一些欧洲的类群并不支持这种假设，它们在当地的分布很有可能源于物种扩散，譬如它们可能是从非洲游泳到达南欧的。

我们对阿贝力龙的生物学特征所知甚少。它们的化石常常出土于季节性干旱且树木繁茂的地区。强壮的头骨、发达有力的颈部，以及刀刃一样的牙齿表明它们是捕食者。一些阿贝力龙类物种头骨侧面的粗糙纹理，表明它们曾拥有致密的角状凸起，这说明它们在捕食中可能会用面部撞击猎物。食肉牛龙的颈椎特别粗壮，像斗牛犬一样，在捕猎鸟脚类和未成年蜥脚类恐龙时能够一口咬碎它们。

食肉牛龙已经成了艺术家们无法抗拒的主题，同时也是史前生物科普畅销书中的常客。在2000年的迪士尼电影《恐龙》和《侏罗纪世界2》中，它都是当之无愧的主角。

另见词条：角鼻龙类（Ceratosaurs）。

Allosauroids

异特龙超科

异特龙超科是兽脚类恐龙支系之一，演化出了巨大的体形和捕杀大型猎物的能力。异特龙超科物种大多生活在晚侏罗世与早白垩世，但南美的一些物种延续到了晚白垩世。目前异特龙超科最古老的化石记录可以追溯到中侏罗世，但它们很有可能与斑龙类和虚骨龙类一同起源于距今约 1.8 亿年的早侏罗世演化辐射事件。

异特龙超科物种体长多为 6 ~ 10 米（也有例外）。巨大的体形，加上狭长有力的头骨、锯齿状的牙齿和强悍的前肢（常带有让人联想到鹰爪的利爪），暗示它们可以捕食鸟脚类、剑龙类和小型蜥脚类恐龙。化石证据中保存的咬痕也佐证了这一点。此外，它们还捕食其他兽脚类恐龙，甚至同类相食的证据在化石中也有记录。

异特龙超科的名字来自异特龙（*Allosaurus*）。异特龙是一种来自美国莫里森组沉积的明星物种，但其化石在葡萄牙也有发现。异特龙和它的近亲食蜥王龙（*Saurophaganax*，同样来自莫里森组）构成了异特龙超科中的三个主要演化支之一——异特龙科（Allosauridae）。

第二个演化支鲨齿龙类（Carcharodontosauria）包括一部分和异特龙相似的中等体形物种，以及主要发现于非洲和南美洲的大型兽脚类物种。鲨齿龙类是一个非常重要的分支，本书也将用一个专门的词条来介绍它。异特龙超科的第三个演化支是中棘龙科 [Metriacanthosauridae，曾被命名为中华盗龙科（Sinraptoridae）]。与异特龙超科其他物种相比，中棘龙科物种的面部骨骼更短，脊椎骨上有高耸的神经棘，前肢短小。在解剖学上，它们比异特龙超科的其他成员更加古老。

高棘龙

人们曾将异特龙描绘为一种乏善可陈的大型兽脚类恐龙，与斑龙（*Megalosaurus*）类似，并且有可能就是其后裔。今天，我们对它的外表有了更加成熟的认识。它的眼眶前方有三角形的凸起，吻部上方有成对的冠状结构。一些异特龙标本的面部比其他标本的短，这种现象常令人费解。一种可能的解释是异特龙事实上包括两个物种，其中长吻的曾被称为肌肉龙（*Creosaurus*）。而现代的进一步研究显示，短吻是由于一些头骨组装错误造成的，在以往文献中出现的短吻异特龙事实上并不存在。

在生活习性方面，异特龙毫无疑问是捕食者。它们会使用可怕的爪子来抓住、固定和杀伤猎物。2006 年一项针对鲨齿龙类高棘龙（*Acrocanthosaurus*）的研究显示，它们的指头可以承受完成捕猎行为所必需的大力屈伸动作。

头部是异特龙的主要武器，其头颈与上臂的比例导致它们的头部总是先于前爪接触猎物。窄而深的头骨表明，它们可以有效抵抗垂直方向上的压力。一种流行的观点认为，它们会快速撕咬猎物以造成猎物流血和休克，而不是用咬碎的方式致猎物一击毙命。2001 年，艾米丽·雷菲尔德（Emily Rayfield）和她的同事使用有限元分析（FEA）测试了数字化建模的异特龙头骨所能承受的压力与形变。

他们发现，虽然异特龙咬合力不强，但是它们可以承受巨大的压力，这些都暗示了异特龙可以将上颌当作斧头一样的武器来袭击大型猎物。雷菲尔德在 2001 年的这项研究具有开创性，从此，有限元分析方法开始广泛应用于恐龙头骨及其他动物（包括现生和化石物种）的研究。

另见词条：鲨齿龙类（Carcharodontosaurs）；斑龙超科（Megalosauroids）。

All Yesterdays

《所有的昨日》

《所有的昨日》是一本致力于对中生代恐龙和其他灭绝动物进行艺术复原的图书，出版于 2014 年，被一些读者誉为当代最重要的古生物艺术主题作品。介绍这本书我必须承认存有私心，因为我是其中一位作者 [另两位作者是书中彩色插图的创作者约翰 · 康威（John Conway）和科斯曼（C.M. Kösemen）]。我们写《所有的昨日》这本书有两个目的。第一是指出史前生物可能会做出各式各样出人意料的甚至极端的行为，艺术家应当考虑描绘这些场景，而不仅仅局限于展示它们在更常见场景中的典型形象。第二是引起读者对古生物艺术内核的思考，这本书特别将恐龙以“压缩包裹”的形式呈现，即在复原过程中将皮肤、脂肪和肌肉画得非常密实。而大多数人心目中的恐龙形象是格雷格·保罗（Greg Paul）及其追随者笔下那种体态修长、体形苗条的恐龙。我们在此呼吁变革，并不是对其他作者的不敬。相反，我们认为格雷格是对我们影响最为深远的创作者之一。

关于古生物的艺术复原，《所有的昨日》并不主张“一切都可能发生”的做法。我们明确指出，在加入任何猜测之前，应该优先考虑已有的数据（包括解剖学、生态学还有行为学数据）。尽管如此，这本书依然鼓励艺术家和插画师超越常规去探索古生物可能具有的生命形态和行为，而不是停留在传统认可的范围。它掀起了所谓“‘所有的昨日’运动”，很多现代古生物艺术家都被视为这场运动的参与者。当然不是人人都赞同我们的主张，也会有反对和贬低我们的人——这就是生活。

另见词条：格雷格·保罗（Paul, Greg）。

Alvarezsaurs

阿尔瓦雷兹龙类

阿尔瓦雷兹龙类是主要由后腿长、上臂短的小型手盗龙类构成的演化支，生活在晚白垩世的南美洲和东亚。

阿尔瓦雷兹龙类的故事始于1991年命名的阿根廷晚白垩世的阿尔瓦雷兹龙（*Alvarezsaurus*）。这是一种体长约1米、长尾但分类不确定的兽脚类恐龙。其描述者何塞·波拿巴认为，虽然它可能与似鸟龙类关系接近，但是它已经足够独特，可以成为一个单独的类群，于是将其命名为阿尔瓦雷兹龙科（Alvarezsauridae）。与此同时，由著名古生物学家阿勒坦格列尔·珀尔（Altangerel Perle）带领的研究队伍在蒙古国戈壁晚白垩世地层发现了一种同样小巧的虚骨龙类，其强壮的前肢、镐头一样的单爪尤其引人注目。珀尔团队在1993年将其命名为单爪龙（*Mononykus*），并提出它是一种不具备飞行能力的罕见鸟类，与始祖鸟相比，它们更接近现生鸟类。

单爪龙奇特的解剖结构引发了关于其生活方式的讨论。大多数专家认为，它特化的前肢用于挖开木头或土壤，以寻找蚂蚁和白蚁。在现生生物中，穿山甲和食蚁兽

单爪龙

也拥有类似的镐状前肢。此外，它们特化的头部和胸部似乎也与其食性和生活方式有关。随着对阿尔瓦雷兹龙类的了解加深，人们越来越觉得它们的解剖结构符合这样的生活方式：它们的头骨轻巧，下颌纤巧，牙齿细小，可能具有可以伸长的舌头；胸骨和脊柱能够承受前肢挖掘时的受力。这些外形特征表明它们不太可能是挖掘者、穴居者或善于攀爬，相反，它们很可能擅长破坏土堆或腐烂木头中的昆虫巢穴。纤长的后腿表明它们善于奔跑，由于很多蚁穴的分布都相距甚远，这个观点很有道理。

后来，人们发现单爪龙并不是只有一个爪子（其爪部依然保留了带爪的第二指和第三指的指节，但它们已经退化了），也有其他一些阿尔瓦雷兹龙物种确实是单爪的，例如中国的临河爪龙（*Linhenykus*）。目前，人们已经命名了不少阿尔瓦雷兹龙属种，包括阿根廷的巴塔哥爪龙（*Patagonykus*）、加拿大的阿尔伯塔爪龙（*Albertonykus*），以及蒙古国的小驰龙（*Parvicursor*）、鸟面龙（*Shuvuuia*）和游光爪龙（*Albinykus*）。20 世纪 90 年代末，人们明显意识到来自阿根廷的阿尔瓦雷兹龙也属于这个演化支，那么最早由波拿巴选定的名字“阿尔瓦雷兹龙科”理应被用作整个类群的名字。新的发现和后续研究都显示，这个演化支并不属于鸟类，而是处于手盗龙类中的其他位置，有可能处于基干位置。

但依然有一个问题尚未解决。单爪龙和前文提到的其他物种都是高度特化的，与其他手盗龙类大不相同。那么这个类群中更古老的成员是什么样的呢？一些来自中国晚侏罗世的手盗龙类恐龙化石似乎提供了答案。包括简手龙和石树沟爪龙在内，这些恐龙虽然与阿尔瓦雷兹龙科成员相似，但体形更大（约 2 米长），有三个更大且可以抓握的指头，总体上更像普通的手盗龙类恐龙。这些类群虽然被排除在阿尔瓦雷兹龙科这个演化支外，但它们被归入了更大的阿尔瓦雷兹龙超科（Alvarezsauroidea）。

另见词条：手盗龙类（Maniraptorans）。

Ankylosaurs

甲龙类

甲龙类是这些生活在侏罗纪与白垩纪的大型装甲鸟臀类恐龙，因其尖刺、骨板和尾锤结构而闻名，它们常常被称为“恐龙中的坦克”。所有的甲龙类都是四足行走。我们从一种叫作腿龙（*Scelidosaurus*）的装甲类恐龙推测出，甲龙的祖先在颈部、背部和尾部的背侧与两侧长有平行排列的硬化骨板，也叫皮内成骨。一些甲龙物种的肩部、胸部、臀部以及尾部的皮内成骨构成了类似长钉或弯刀的结构。另一些甲龙类的颈部上方及两侧的皮内成骨融合成半环状，而尾巴末端的则合并成一个尾锤。一些甲龙物种的四肢、躯干和尾部还具有刺状或卵石状的皮内成骨。

甲龙类的其他特征还包括特化的腰带，具有髋臼窝封闭（或部分封闭）的髋关节，脊柱多处融合，以及用于连接发达肌肉的较深的肩胛骨。恐龙往往拥有优美的线条和流线型的强壮身躯，外形高大修长。但甲龙与这些描述完全不符，它们紧贴地面生活，矮胖、短腿、背覆尖刺、笨重，身体宽阔得甚至有些滑稽。在我看来，它们是最怪异的恐龙，也是在恐龙演化之初似乎最不可能出现的种类。

一些甲龙拥有修长的吻部，而另一些的吻部则短而宽阔。我们在甲龙中发现了巨大且复杂的鼻孔和长长的环形鼻腔，这些结构可能是用于调节温度或者发出声响的。甲龙的头顶通常铺满了骨板。一些吻部较短的甲龙的脸颊、下颌侧面，甚至眼眶都被骨板覆盖（眼睛周围的骨板可以活动，包裹在眼睑中），同时头后长出角状凸起。最小的成年甲龙大约 1 米长，最大的可达 9 米长、8 吨重。

直到 20 世纪 70 年代末，我们对甲龙类物种之间的演化关系还了解甚少。当时，沃尔特·库姆斯（Walter

呈防御姿态的甲龙类恐龙

Coombs）认为甲龙类可以划分为结节龙科（Nodosau-ridae）和甲龙科（Ankylosauridae）两个演化支。结节龙科包括吻部较长的类群，以及颈部和肩部有尖刺的类群。而甲龙科不仅包括带有尾锤的类群，还包括长吻和短吻的类群。

一些来自欧洲、亚洲和北美洲的侏罗纪或早白垩世的甲龙类，其臀部上方都包裹着整片骨板，肩棘后缘带有凹槽。库姆斯把它们归入结节龙科；但从2001年开始，更普遍的观点认为它们应该归入第三个独立的演化支——多刺甲龙科（Polacanthidae）。不过关于多刺甲龙科是否成为一个分支，以及如何判定其中物种的争论仍在继续。

甲龙类宽阔的身躯和细小的叶状牙齿（类似于植食性蜥蜴的牙齿）表明它们是植食动物，可能主要以树叶为食。对甲龙类下颌和牙齿磨痕的研究表明，至少一些甲龙类物种拥有复杂的咀嚼过程，它们可以在闭嘴的时候让左右下颌沿着长轴旋转，同时整个下颌还在向后运动。

在澳大利亚发现的盾龙（*Kunbarrasaurus*）的胃内容物表明，它以水果、嫩枝和树叶为食；加拿大的北方盾龙（*Borealopelta*）则主要以蕨类植物为食。北方盾龙的化石确认了它和其他一些甲龙都是有胃石的。一个耐人寻味但尚未经证实的假说被提出：一些甲龙类可能是杂食性的，甚至是食虫的。毕竟，它们的外形很像巨型的犰狳，而且一些甲龙的前肢和吻部看起来很适合挖掘和翻找。2016 年，在中国辽宁省发现的辽宁龙（*Liaoningosaurus*）给了人们一个巨大的惊喜：它的胃部保留了鱼类化石，而且它的一些特征（较小的体形、尖锐的牙尖、退化的装甲等）都暗示了它具有两栖生活的习性。如果对辽宁龙的解释正确，那么甲龙类的生态和饮食多样性就远远超出我们的想象。

对于甲龙类，除了饮食，还有一些行为和生物学特征值得探究。在一些化石标本中发现了聚集在一起的甲龙类个体，说明它们可能是曾经生活在一起的集群。通常认为，甲龙类的装甲起防御作用，一些类群肩部的尖刺和另一些类群的尾锤无疑能有效牵制兽脚类恐龙，甚至对后者造成致命伤害。甲龙类专家维多利亚·阿尔伯尔（Victoria Arbour）通过一系列实验计算出一只大型甲龙尾锤挥舞时的破坏力，结果显示它足够灵活，足以击碎骨骼。动物的武器常常用于争夺交配权的战斗和性展示中，对抗捕食者的防御功能倒在其次。那么甲龙的装甲的作用也是这样吗？我们不得而知，但如果的确如此，那么雌性甲龙可能与雄性甲龙一样好斗，因为目前我们认为两者都具有相似的装甲。总而言之，甲龙类曾经拥有令人惊奇的外观，是生态系统中可怕的存在。

另见词条：鸟臀类恐龙（Ornithischians）；装甲龙类（Thyreophorans）。

Archaeopteryx

始祖鸟

人们在德国巴伐利亚州索伦霍芬的灰岩中发现了传说中的晚侏罗世“第一只鸟”或者说“原始的鸟”。始祖鸟是一种乌鸦大小的手盗龙类恐龙，目前已经发现了 12 具化石标本，其中一些保存有羽毛的印痕。始祖鸟的发现可谓恰逢其时：时间恰巧在 1859 年达尔文发表《物种起源》之后不久。它的发现证实，现存不同物种形态之间过去确实存在过“中间类型”。始祖鸟虽然是一种鸟，但却拥有爬行动物的特征，例如牙齿和长长的骨质尾巴。

从 19 世纪 60 年代到 20 世纪 70 年代，人们都不清楚始祖鸟究竟是什么样。早期，人们认为它的形象接近广义上的树栖鸟类，类似于具有牙齿的喜鹊或杜鹃，栖息在树上，能够笨拙地飞行——很可能更善于滑翔而不是振翅飞行。后来的恐龙文艺复兴运动使得始祖鸟的形象被重塑——始祖鸟与恐爪龙（*Deinonychus*）等兽脚类恐龙具有明显的相似性，因此约翰·奥斯特罗姆（John Ostrom）认为始祖鸟是一种在地面捕食的带羽毛的小型兽脚类恐龙。奥斯特罗姆甚至认为，始祖鸟用翅膀来辅助捕食昆虫。20 世纪 80 年代，格雷格·保罗继承并发展了这种观点，提出始祖鸟虽然能够飞行，但生活在树木稀少的干燥岛屿上，因此必然从水边获取食物。保罗还认为始祖鸟是驰龙类中的小型成员，驰龙类也包括了恐爪龙和其近亲。

始祖鸟的体形和牙齿形状表明它可以捕食节肢动物，以及包括鱼类在内的小型脊椎动物。我们推测，有时它可能也会捕捉更大的猎物，例如在当时的生态系统中数量丰富的幼年翼龙。始祖鸟的飞行能力一直是争论的焦点。有的观点认为它足以从地面直接起飞，也有观点认为它根本无法飞行。需要强调的是，现在没有理由认为始祖鸟适应了树栖，这不只是因为它生活在一个几乎没有树木的生境中，还因为它的足部解剖结构看上去更加适应

始祖鸟

地面生活。

我们使用“始祖鸟”这个名字，以及判断其中包括了多少物种，涉及一段非常复杂的历史。1861 年报道了索伦霍芬一具单独的羽毛标本，当时人们认为这是始祖鸟的一具关键标本，也就是正型标本。这种做法是非常武断的，因为几乎无法去验证这根羽毛和骨骼化石同属于一个物种。目前的观点认为羽毛标本可能来自始祖鸟，但这种说法存在争议。发现于1861年的所谓始祖鸟伦敦标本目前被认定为正型标本，但围绕已发现的12具标本包括多少分类群的争论一直存在。它们是涵盖了印石板始祖鸟（*A. lithographica*）的不同生长阶段和体形分异，还是代表着两种、三种甚至更多种始祖鸟？不同标本之间的区别是否足以建立额外的属［古鸟（*Archaeornis*）、侏鸟（*Jurapteryx*），还有乌禾尔龙（*Wellnhoferia*）都是备选名字］。在本书写作时，主流观点是仅仅存在一个属，该属包括三个物种，分别是印石板始祖鸟、西门子始祖鸟（*A. siemensii*）和艾氏始祖鸟（*A. albersdoerferi*）。一具曾经长时间被误认作始祖鸟标本的化石，现在已被视为手盗龙类近鸟龙科（Anchiornithidae，大多数发现于中国）的德国成员，它就是奥斯特罗姆龙（*Ostromia*）。2017年，为纪念约翰·奥斯特罗姆，这种一度称为“哈勒姆”的始祖鸟被命名为奥斯特罗姆龙。

今天，始祖鸟被认为是几种原始的侏罗纪鸟翼类之一，只有少数鸟翼类（一些在中国发现的近鸟龙科和擅攀鸟龙类成员）比它还要古老。大部分观点都认为始祖鸟属于鸟翼类（Avialae），也就是鸟类，与近鸟龙类相比，它更接近于现代鸟类。然而，也有一些研究提出，始祖鸟位于演化树的其他位置，且大部分靠近驰龙科（Dromaeosauridae）。

另见词条： 鸟类（Birds）；约翰·奥斯特罗姆（Ostrom, John）；手盗龙类（Maniraptorans）。

B

B

Bakker, Robert[1]

罗伯特·巴克

罗伯特·巴克是引领恐龙文艺复兴运动的美国古生物学家。巴克通过专业论文、科普文章、引人入胜的插画作品和 1986 年出版的畅销书《恐龙异说》(*The Dinosaur Heresies*)，让人们意识到恐龙是演化历史中最成功的生物，也是行为复杂、高度活跃、构造精巧的温血动物。巴克在耶鲁大学求学期间，在约翰·奥斯特罗姆的指导下获得了学士学位，从此开始了他的学术生涯。1971 年，他获得了哈佛大学的博士学位。他创作的疾驰中的恐爪龙（尽管没有羽毛）插画作为配图，与奥斯特罗姆 1969 年对恐爪龙的开创性描述论文一同发表。

从 1968 年开始，巴克发表了多篇论文，将恐龙的运动、生态学和演化上的成功带入大众视野。他也因为提出非鸟类恐龙是内温性动物（也称温血动物）而闻名。一石激起千层浪，巴克的观点引起了不认同其数据解释方法的同行的质疑。过去，研究人员普遍认为蜥脚类恐龙生活在

1 词条中英文人名遵照原文，按照“姓，”+“名”的格式书写，不做改动，文中英文人名则采用一般书写格式，即“名”+“姓”。——编者注

湿地环境。1971 年巴克一篇研究蜥脚类恐龙的论文彻底改变了这个领域的研究范式，他提出蜥脚类恐龙生活在平原和开阔地带，而不是湿地。1974 年巴克与彼得·高尔顿（Peter Galton）合著的论文提出恐龙是一个单系类群，而不是起源于主龙类中若干亲缘关系甚远的类群。1975 年，巴克在《科学美国人》杂志上发表了一篇名为《恐龙文艺复兴》的文章，标志着这些观点及其影响已经受到了学术界主流的关注。

尽管如此，一些古生物学家还是认为巴克的科学贡献并不突出，人们对其成就的强调（正如本文所做的）更像是个人英雄主义的崇拜。一种更为中肯的观点是，他富有争议性的工作提高了恐龙研究的知名度，不仅吸引了研究人员的关注，也鼓励人们投入更多精力去审视相关问题。1994 年，摄影记者路易·西霍尤斯（Louie Psihoyos）曾评论道："没有巴克的恐龙古生物学，就好像没有摇滚乐的 60 年代。"在我看来，这种说法颇为贴切。

巴克在 20 世纪 70 年代之后还发表了很多专业论文，但不得不说，其中一些观点显得曲高和寡。他在这些研究中提出了结节龙类（nodosaurids）属于甲龙类（1988 年），鲨齿龙类（carcharodontosaurids）和棘龙（*Spinosaurus*）有类似鲸鱼的生态（1992 年），异特龙有类似剑齿虎的生态（2000 年），以及角鼻龙（*Ceratosaurus*）具有两栖习性（2004 年）等观点。1988 年发表的一篇文章认为矮暴龙（*Nanotyrannus*）是独立物种，巴克正是该文章的主要作者。在学界正式恢复“雷龙”（*Brontosaurus*）这一名称前，巴克就在倡导使用这个叫法。1995 年，他还出版了一本名为《红色盗龙》（*Raptor Red*）的小说，从犹他盗龙（*Utahraptor*）的视角讲述这种动物的生活。

在整个职业生涯中，巴克一直与多家博物馆和研究机构保持着联系。他投入了大量精力，通过公开讲座和编写童书来推动儿童教育和大众科普工作。

另见词条： 雷龙（*Brontosaurus*）；恐龙文艺复兴（Dinosaur Renaissance）；约翰·奥斯特罗姆（Ostrom，John）；矮暴龙（*Nanotyrannus*）。

Birds

鸟　类

鸟类是一类广布全球、多样性极高的动物（包括 1

万多个现生物种），具有羽毛和缺少牙齿的喙，大部分物种具有飞行能力。鸟类属于虚骨龙类之中的手盗龙类，与驰龙类和伤齿龙类关系密切。这也意味着恐龙并没有在白垩纪末期完全灭绝，而在被称为“哺乳动物时代”的现代依然繁衍生息。

所有的现生鸟类都属于一个叫作新鸟类（Neornithes）的庞大类群。新鸟类的身体已经高度适应飞行：具有空心的骨骼，胸骨上的龙骨突连接着为飞行提供动力的强健肌肉；前肢和尾部宽阔的羽毛构成了可以精准控制的气动表面；视力和大脑空前发达；后爪则发生特化，适应抓握（一般具有一个增大的中趾与另外三趾相对）。新鸟类的平均体重大约 30 克。

鸟的演化支常用的专业名称是鸟类（Aves）。然而另一种观点则认为“鸟类”最好仅用于新鸟类（因为它们的特征一般被认为是典型的鸟类特征），整个支系应当被命名为鸟翼类（Avialae）。可惜，一些专家并不同意这种观点，因此“鸟类”与“鸟翼类”这两个术语目前常常被混用来描述始祖鸟、新鸟类和介于它们之间的所有其他支系。

早在 19 世纪，鸟类就被视为“光荣的爬行动物”。更具体地说，因为鸟类与鳄鱼在解剖学和行为学上具有共同特征，所以鸟类显然属于主龙类。更确切的说法是，“鸟类可能是恐龙”。这一理论始于 19 世纪 60 年代，当时被讽为“达尔文斗犬”的托马斯·赫胥黎注意到，虚骨龙类中的美颌龙（*Compsognathus*）和鸟臀类中的棱齿龙（*Hypsilophodon*）拥有与鸟类相似的臀部和后腿。之后，鸟类属于恐龙的理论在 19 世纪晚期和 20 世纪早期一度流行。当时的学者对动物类群之间的演化关系不甚了解，因此“鸟就是恐龙”的假说在当时与“鸟类接近早期主龙类甚至是翼龙”的设想并不矛盾。

到了 20 世纪 20 年代，主流观点认为鸟类起源于一群叫作“伪鳄槽齿类”（pseudosuchian thecodonts）的主龙类，这些主龙类同时也被视为恐龙和其他若干主龙类支系的祖先。格哈德·海尔曼（Gerhard Heilmann）在 1926 年出版的《鸟类起源》（*The Origin of Birds*）一书中总结了当时最充分的证据，基本上确立了这一观点。这本书成功了，但极为讽刺的一点是，海尔曼是一名业余的科学家与艺术家，他在祖国丹麦受到其他科学家的嘲笑和忽视，但在别国却被当作学术权威。无论如何，“伪鳄槽齿类”假说在接下来的数十年中成了金科玉律。

欧亚鸲，一种现代鸟类

约翰·奥斯特罗姆在20世纪60年代开展了对恐爪龙的研究工作之后，鸟类起源理论出现了重要转折。直到今天，奥斯特罗姆的结论得到了数十具侏罗纪和白垩纪的化石标本的有力证据支撑。这些化石包括类似鸟类的非鸟类恐龙与数量庞大的早期鸟类，其中许多在形态和比例上具有介于驰龙类和新鸟类之间的“中间状态”的解剖特征。

20世纪80年代之前，早期鸟类的化石记录仅仅有始祖鸟、有牙齿的白垩纪海鸟鱼鸟（*Ichthyornis*）和黄昏鸟

（*Hesperornis*），以及一些零碎标本。今天，我们知道在比新鸟类更加原始的几个鸟类支系中（其中很多具有牙齿和带爪的指头），始祖鸟与新鸟类亲缘关系最接近。原始的几个鸟类支系中最重要的是反鸟类（enantiornithines，有时被称作“相反的鸟”），这是一群庞杂且多样的原始鸟类，其中一些物种与今天的海鸟、涉禽、猛禽和雀类非常相似。

最古老的鸟类化石告诉我们，鸟类最初只是手盗龙类众多支系中的一支，它们在演化的早期外观极为相似，都是小型的泛食性捕食者或者杂食动物。直到很晚，它们才演化出新鸟类的特征，而鸟类演化历史中至关重要的转变正是区别新鸟类与其近亲的关键。这些转变大约发生在白垩纪，今天生存在地球上的鸡鸭（主要的新鸟类支系）的早期近亲就生活在晚白垩世。

厘清新鸟类不同支系的关系是一个艰巨的任务，这方面的学术论文不胜枚举，不同的观点也层出不穷。得益于几项重大的遗传学研究，自2006年以来，研究者们达成了初步共识，认为平胸类和鴩类与新鸟类其余所有成员构成姐妹群关系，雁形目（鸭子及其近亲）和鸡形目（外形类似鸡的鸟类）构成了鸡雁小纲，余下的新鸟类分属于以下目：夜鹰总目（雨燕目、夜鹰及其近亲），鸨形目，鸽形目（鸽子及其近亲），鹤形目（鹤、秧鸡及其近亲），水鸟类（水鸟、海鸟及其近亲），鹰形目（猛禽），鸮形目（猫头鹰），佛法僧目（啄木鸟类、佛法僧鸟及其近亲），以及南方鸟类（鹦鹉、隼、鸣禽类及其近亲）。燕雀总目（鸣禽类）是最庞大的单一鸟类演化支，包含了60%以上的现生鸟类物种。

由于人类活动，大量的鸟类物种面临濒危并且很可能在接下来的数十年中灭绝。虽然本书的主题是关于灭绝动物而不是现生物种，但作为一个真正热爱自然的人，请牢记：尽力为鸟类和其他动物的存续尽自己的一份力。

另见词条：始祖鸟（*Archaeopteryx*）；鸟类不是恐龙（Birds Are Not Dinosaurs）；约翰·奥斯特罗姆（Ostrom，John）；手盗龙类（Maniraptorans）。

Birds Are Not Dinosaurs

鸟类不是恐龙

“鸟类不是恐龙”（简称BAND）是由鸟类学家和古

生物学家领导的一场学术运动，主旨是反对或者刻意忽视鸟类属于兽脚类恐龙的证据。在早期，BAND 根本算不上一场运动，不过是一群学者的观点集合，他们不相信奥斯特罗姆“鸟类是恐爪龙等手盗龙类的近亲”的观点。这其实很合理，因为质疑本来就是科学研究的一部分，所有的观点都应该接受检验。但这个运动的不合理之处在于，他们在数据已被证实不准确或者错误之后，仍然对数据进行有意筛选和曲解，甚至刻意忽略那些与预设情景冲突的证据。

BAND 运动开始于马克斯·赫希特（Max Hecht）、塞缪尔·塔斯塔诺（Samuel Tarsitano）和拉里·马丁（Larry Martin）等人的论文。他们在 1976 年到 21 世纪初提出，奥斯特罗姆用来联系鸟类与兽脚类恐龙的特征并不如他想象的那么可靠。他们认为鸟类和兽脚类恐龙的腕部和脚踝骨骼并不相同，鸟类的爪指也与恐龙的爪指不同[1]。这些批评有一项“硬伤”：鸟类相关证据大多源于胚胎学，而中生代动物的胚胎发育证据极其稀少。此外，关于所谓的腕部与脚踝的“非兽脚类”状态存在多种解释，这些学者也

1　多种非鸟类兽脚类恐龙与鸟类爪指退化，多保留三根。——译注（如无特殊说明，本书注释均为译者所加）

从未清晰阐释过。

1980年，鸟类学家艾伦·费都加（Alan Feduccia）出版了《鸟类时代》(*The Age of Birds*）一书，加入了论战。他最主要的论点是，鸟类和羽毛一定起源于某种树栖动物，因此兽脚类恐龙可以被排除是鸟类祖先的可能，而一群小型叫作“伪鳄类”的主龙类动物才是真正的鸟类祖先。费都加在1996年出版的著作《鸟类起源与演化》(*The Origin and Evolution of Birds*)、2012年出版的著作《带羽毛的龙之谜》(*Riddle of the feathered dragons*)，以及其他论文中扩展了他的观点。整个20世纪90年代费都加成了BAND运动的领军人物；进入21世纪，他更成了这个运动的代名词。

这些研究人员如何面对带羽毛的窃蛋龙类、驰龙类和其他化石的发现呢？他们的办法就是反复变换说法。起初，马丁和费都加认为驰龙类及其近亲与鸟类并不相似，表面上的相似来源于趋同演化。但当带羽毛的窃蛋龙类尾羽龙（*Caudipteryx*）和原始祖鸟（*Protarchaeopteryx*）化石在1998年被发现后，费都加又宣称它们是不具备飞行能力的鸟，并称之为“中生代的几维鸟”。21世纪初，当带羽毛的驰龙类［例如中国鸟龙（*Sinornithosaurus*）和小盗龙（*Microraptor*）］化石被报道后，费都加也认为它们就是鸟类（他同时又却经年累月地陈述它们与鸟类毫无关系），尽管他的另一些论文中提到小盗龙这样的生物根本没有羽毛。事实上，BAND 运动最根本的问题就在于他们会谴责一切“恐龙带有羽毛”的观点，但马上又宣称所有发现的带有羽毛的恐龙其实是鸟类。

随着越来越多的具有毛发（羽毛）的兽脚类恐龙被发现，费都加和同事又认为那些毛发是某种人造痕迹，并且支持它们可能是某种皮肤内部纤维的解释，尽管事实上这些毛发位于皮肤表面，和皮肤内部纤维大相径庭，而且还具有只会在动物体表存在的色素。

这些研究人员还提出始祖鸟被误解了，认为它并没有如奥斯特罗姆认为的那样接近兽脚类恐龙。这后来变成了 BAND 运动观点的基石，他们主张始祖鸟具有伸展的后肢、朝后的耻骨、与其他趾头相对的中趾等不同于诸如驰龙类等手盗龙类的特征。马丁还认为，始祖鸟及其他有齿鸟类的牙齿和兽脚类恐龙的牙齿不同。以上这些观点全部都被后续对始祖鸟还有其他物种的详细研究反驳了。

对于如何看待 BAND 运动的支持者，人们意见不一。学界常见的一种看法：如果能够使理论变得更加可靠，批评与质疑应当受到鼓励。BAND 成员因其经年累月的批评让其他人被动地参与到他们组织的讨论中来，反而成为推动者，让他人得以完善自己的理论，其在批评中的做法也是值得褒奖的。因此，把他们看作一群只会说不的人（并且打上 BAND 的标签）是极端而且粗鲁的。

另一种观点则认为 BAND 成员的行为具有破坏性，导致很多科学家浪费了太多时间来回应他们，他们表现得更像政客而不是科学家（有一次甚至戴着印有“鸟类不是恐龙”口号的徽章），他们长期的心理操纵和攻击除了削弱进化论之外并无更多建树，特别是在进化论的理论结构和事实依据方面。如果存在一个创世论者乐于引用的演化生物学家，那非艾伦·费都加莫属。基于这些理由，以鸟类学家理查德·布鲁姆（Richard Prum）为代表的一批专家认为 BAND 运动支持者的声音应该被完全忽略，因为他们所从事的并不是科学，而且从数十年前开始就已经不是科学了。

另见词条： 始祖鸟（*Archaeopteryx*）；鸟类（Birds）；手盗龙类（Maniraptorans）；约翰·奥斯特罗姆（Ostrom, John）。

Birds Come First

鸟类先出现

“鸟类先出现”是一种非主流的假说，认为所有的恐龙都起源于一种主要依靠四足行走、会爬树的小型“龙鸟”（dino-birds），而它本身是鸟类的直接祖先。根据这个简称为“鸟类先出现”（Birds Come First，简称 BCF）的模式，“龙鸟”构成了恐龙演化的中心。除鸟类以外，所有从其起源的恐龙支系都成了演化上的死胡同，巨大的体形和在地面生活也是平行演化的结果。

BCF 是乔治·奥舍夫斯基（George Olshevsky）的智慧成果，他是 20 世纪 80—90 年代恐龙爱好者社群里的知名写作者和研究人员。奥舍夫斯基的名声主要来源于他在 80 年代末创办的简讯《主龙类的关联》（*Archosaurian Articulations*），他发表并维护着一个分类学上详尽的中生代主龙类名单，并且通过恐龙邮件列表（Dinosaur Mailing List，简称 DML）与其他人来交流。DML 是一个网络聊天室，在脸书（Facebook）和推特（Twitter）兴起之前，它是讨论中生代研究新闻和热点的主要渠道。BCF 理论从未正式发表过，是通过杂志文章开始传播的，例如 1994

年的杂志《欧姆尼》(*Omni*)[1]和日本2001年的《恐龙报》(*Dino Press*)。

奥舍夫斯基的观点可能受到下述事实的启发：一些类似鸟类的解剖结构在主龙类演化树的深处被找到了。他也认为一些恐龙的解剖特征（例如鸟臀类用双足行走，兽脚类恐龙缩短的内侧脚趾，以及手盗龙类酷似翅膀的前肢）在传统理论框架下并不合理。格雷格·保罗关于非鸟龙虚骨类次生飞行能力退化的观点，也可能对他有所启发，因为奥舍夫斯基所做的一切，本质上就是将格雷格的模型扩展到所有恐龙。

20世纪90年代，BCF一度被视为一个可能合理的恐龙演化模型——至少在我所处的学生群体中流行过一阵。然而，模型中的龙鸟复合体却从未被发现。BCF模型也曾尝试将几种三叠纪怪异的爬行动物化石作为“龙鸟”，例如镰龙类（drepanosaurs）以及奇特的长有羽状物的长鳞龙（*Longisquama*），但研究这些化石的科学家并不认同这种观点。更深入地说，相关类群早期成员的解剖学特征分布并不符合BCF模型的预测。根据BCF模型，早期鸟

1 《欧姆尼》是在英美发行的老牌通俗科学杂志，于1997年停刊。

“鸟类先出现”的假说需要这样的“恐龙—鸟类”的演化假设

臂类、蜥脚形态类和兽脚类应当存在攀爬特化，其他靠近恐龙演化树根部的物种也应如此，但研究者在它们身上找不到任何与攀爬生活相关的特征。这个观点没有得到任何已发表的学术论文的支持，奥舍夫斯基之后也不再发表作品，不再活跃于社交媒体。这个模型也随之销声匿迹，仅仅流传于“中毒”最深的恐龙迷当中。

另见词条：鸟类（Birds）；格雷格·保罗（Paul, Greg）；手盗龙类（Maniraptorans）。

Bone Wars

骨头大战

“骨头大战”是非正式的名称，指的是美国古生物学家爱德华·德雷克·柯普（Edward Drinker Cope）与奥塞内尔·查尔斯·马什（Othniel Charles Marsh）在19世纪70—90年代发生的冲突。骨头大战与恐龙热潮（Great Dinosaur Rush）在时间上有重叠（但不完全重叠），当时美国西部内陆地区正因为恐龙发掘而遭到大肆刨挖。剑龙（*Stegosaurus*）、异特龙、迷惑龙（*Apatosaurus*）、三角龙和雷龙等的发现不仅奠定了古脊椎动物学的基础，也成为大众对恐龙产生热情的来源，同时也是美国东部地区大型博物馆得以建立并享有盛誉的关键因素。

柯普和马什都是野心勃勃、资金充足的独立研究人员。柯普的事业尤其成功，除了研究化石，他的工作还包括研究现生的鱼类、两栖类和爬行动物。他们两人一开始关系良好，甚至在19世纪60年代使用彼此的名字来命名新物种。但很快，由于争夺特定地区发掘出来的化石，并且对化石命名和属种鉴定存在分歧，两人的关系逐渐恶化。他们都渴望抢在对方前面命名化石，还刻意不去引用对方的研究。

通常认为，两人决裂的原因是1870年马什指出柯普在重建蛇颈龙类的薄板龙（*Elasmosaurus*）时将其头骨置于尾端。柯普企图将包含这一错误重建的所有论文副本全部买下来并替换，而马什则热衷于以此来渲染柯普的不可靠和自大。尽管看起来是这件事导致了他们关系的破裂，但事实上最早指出柯普错误的是古生物学先驱约瑟夫·莱迪（Joseph Leidy），而不是马什。马什直到1890年才开始宣扬这件事，而这距离他们闹翻已经很久了。可以这样说，柯普和马什之间的冲突是由一系列细小的摩擦慢慢积累而成的。

无论如何，1873年时他们就已经彻底成为敌人，并且竭尽全力地要做出超越对方的成果。他们都派出了勘探员和化石猎人以便抢在对方之前找到化石，同时窥探甚至尝试盗窃对方的化石发现。1890 年事态升级，报纸上登满了他们对彼此的攻讦，包括指控腐败、不当使用政府资金，甚至引发了国会的调查。

关于双方的事迹和遗产，人们已经写了很多。他们都对古生物学做出了重要贡献，而且他们的名字也已经与北美洲的恐龙发现，特别是莫里森组的化石牢牢绑定。但是他们荒唐的行为伤害了美国古生物学研究界的声誉，匆忙采集和重建的化石标本导致了原始信息的丢失和本可避免的解剖学错误。他们争相命名的新物种也让后来的研究者在很长时间内都陷入困惑。柯普还是一个糟糕的种族主义者和性别主义者，不吝于在论文中表达这些观点。柯普和马什在 1897 年和 1899 年相继去世。

一些作者将骨头大战描述为恐龙研究历史中伟大英雄时代的一部分。柯普和马什也许也自视为英雄，但我想我们不必这样看待他们。

另见词条：雷龙（*Brontosaurus*）；莫里森组（Morrison Formation）。

Brachiosaurids

腕龙类

在恐龙专业研究领域以外，仅有少数蜥脚类支系为人熟知，腕龙类就是其中之一。这些生活于晚侏罗世和早白垩世的大鼻龙类分支，因其庞大的体形和有趣的身体比例而闻名。腕龙类的前肢长度与后肢相当，甚至更长，因此肩膀要高于臀部，尾巴也相应较短。很多种类的额头和吻部存在一个拱起的骨质冠状结构，但并非所有分类群中都有。大部分学者认为它们的脖子呈竖直姿态，是为了获得更高的高度。根据推测，腕龙类会使用它们宽大的弧形颌和强壮的铲状牙齿来取食树冠处的叶子和嫩枝。腕龙类一般是它们所在生态系统中最大的恐龙，某些物种可以长到22米长，超过40吨重。但也不是所有腕龙类都体形巨大。在德国晚侏罗世生活的欧罗巴龙（*Europasaurus*）就是一个岛屿矮态的例子，仅有6米长，体重不足1吨。

腕龙类中的典型物种高胸腕龙（*Brachiosaurus altithorax*）于1903年在科罗拉多州的莫里森组岩层中被发现。它奇特的身体比例被其描述者埃尔默·里格斯（Elmer Riggs）充分记录下来，其属种名字的含义是“拥有宽阔胸膛的前臂蜥蜴”。1914年，另一个腕龙的物种布氏腕龙（*B. brancai*）在坦达古鲁（今坦桑尼亚）被发现，但今天一般认为这是一个独立的属，被命名为长颈巨龙（*Giraffatitan*）。

在描述这些类群化石之后的几年里，来自美国、西欧

长颈巨龙

国家、东亚国家、澳大利亚以及其他地方的恐龙化石陆续被鉴定为腕龙类。这些化石中包括了牙齿、脊椎骨和头骨碎片。根据这些化石还新命名了星牙龙（*Astrodon*）、侧空龙（*Pleurocoelus*）和似鸟龙（*Ornithopsis*），其中大多数体形较小。但今天我们知道，这些化石的所谓“腕龙类”特征在大鼻龙类的若干支系中都出现过，因此这些物种在演化树中的位置也变得模糊。

2010年以来发表的一些研究修订了腕龙科的存在，其中最古老的物种是来自法国的中侏罗世的蝰神龙（*Vouivria*），最年轻的物种则是来自美国的索诺拉龙（*Sonorasaurus*），它生活在白垩世早期和晚期之间。腕龙科主要分布在北美洲和欧洲，在非洲也有清楚的化石记录。虽然2015年人们报道的哥伦比亚帕迪亚龙（*Padillasaurus*）可能是在南美洲的腕龙成员，但其分类目前还有争议。

另见词条： 大鼻龙类（Macronarians）；莫里森组（Morrison Formation）；坦达古鲁（Tendaguru）。

Brontosaurus

雷　龙

“雷龙”是最著名且最具代表性的恐龙名字之一。其属种名“秀丽雷龙”（*Brontosaurus excelsus*）由马什在 1879 年命名。这个名字也成了一个流行文化符号，出现在漫画、电影、商标和玩具中，有时甚至直接成了恐龙的代名词。

最初被命名为雷龙的是一种在美国怀俄明州科莫悬崖附近莫里森组岩层中发现的梁龙类（diplodocid）恐龙。1903 年，埃尔默·里格斯提出，秀丽雷龙与早前莫里森组发现的另一梁龙类恐龙——同样由马什命名的迷惑龙十分相似，应该归入同一属。大部分学者都同意这一观点，因此马什命名的雷龙在 1903 年之后出版的文献中基本已见不到了。但雷龙这个名字并没有完全销声匿迹。威廉·马修（William D. Matthew）在 1905 年曾使用过这个叫法，而里格斯本人在 20 世纪 30 年代也使用过几次，这也许是因为他对自己 1903 年的结论并没有十足把握。更重要的是，或许是因为时任美国自然历史博物馆馆长的古生物学家亨利·奥斯本（Henry F. Osborn）性格浮夸，希望全世界都知道他对莫里森组中的蜥脚类恐龙分类有自己的看法，并将雷龙的名字保留在了博物馆展出的一具化石骨架旁。将纽约最大、最著名的蜥脚类恐龙化石标记为雷龙的做法直接导致了它声名远播，海量的科普书籍和文章都忽视了里格斯 1903 年的论文而直接使用这个名字。直到 20 世纪末，雷龙依然是最响当当的恐龙名字之一。

一些人认为，既然这个名字已经深深刻在流行文化中，我们就应当忽略动物学命名规则直接使用它，比如巴克在《恐龙异说》一书中就持有这种观点。史蒂芬·杰伊·古尔德（Stephen Jay Gould）1991 年的作品《了不起的雷龙》（*Bully For Brontosaurus*）也持类似观点。还有一些观点认为，雷龙更像一个过去时代的名字，听起来与古老的《摩登原始人》动画片或者辛克莱石油公司距离更近，而与尖端科技不搭界。对于从小就知道"雷龙"是初级代名词的年轻一代来说，雷龙这一名称也确实不讨喜。在形象复原上，雷龙更接近恐龙文艺复兴前那种肥胖难看的沼泽居民形象，而不是让人引以为豪的苗条修长、昂首阔步的模样。

总有传言说，"雷龙"这个名字有朝一日会死而复生。难道不是这样吗？一些离经叛道的研究者沉吟道，毕竟迷惑龙物种并不都是一样的，曾经被标记为雷龙的化石其实看上去也并不完全相同。在 2015 年一项关于梁龙类系统发育和解剖学的大型研究中，伊曼纽尔 · 乔普（Emmanuel Tschopp）和他的同事们找到了证据。雷龙的模式种秀丽迷惑龙在演化树上构成了一个独立支系，与其他的迷惑龙分开。因此，“雷龙”这个名字恢复有效。事实上，我们对生物之间的演化关系的看法也在不断变化，所以这一切并没有尘埃落定，甚至可能不存在尘埃落定的一刻。未来的研究也许会再次改变我们对迷惑龙类演化关系的看法。但无论如何，至少现在“雷龙”回来了。

另见词条：罗伯特 · 巴克（Bakker, Robert）；梁龙类（Diplodocoids）；莫里森组（Morrison Formation）；蜥脚类（Sauropods）。

C

Carcharodontosaurs

C

鲨齿龙类

鲨齿龙类是生活在南美洲和非洲的白垩纪和晚侏罗世最大型的异特龙类。1931年，德国古生物学家恩斯特·斯特莫（Ernst Stromer）在研究埃及晚白垩世巴哈利亚组的化石时，命名了鲨齿龙（*Carcharodontosaurus*）类，并认为它和巴哈利亚龙（*Bahariasaurus*）演化关系紧密，可以归入鲨齿龙科（Carcharodontosauridae）这一演化支。不幸的是，这些化石在第二次世界大战中被毁，只有插图保存了下来。之后数十年中，研究人员普遍认为它们属于异特龙类，可能是介于异特龙和霸王龙那样的兽脚类恐龙之间的物种。

1995年，兽脚类恐龙专家奥利弗·劳赫（Oliver Rauhut）提出，斯特莫提出的鲨齿龙科几乎已被遗忘，但它值得被重新研究，并且它与异特龙关系接近。鲨齿龙不同寻常的特征包括吻部上方粗糙的表面，牙齿也不像大多数兽脚类那样向后弯曲。它们的牙齿隐约与大白鲨有几分相似，这也解释了为什么斯特莫会这样为它们命名。1996年，由保罗·塞利诺（Paul Sereno）及其同事发表的一篇摩洛哥头骨研究论文证实了劳赫的观点，并且确认了鲨齿龙巨大的体形。标本的头部大约长 1.6 米，总长估计可达 14 米，甚至超过了霸王龙的尺寸。由此不难想象媒体报道的反响，但现在几乎可以肯定塞利诺的复原明显拉长了吻部。

1995 年，在阿根廷也发现了类似的动物——南方巨兽龙（*Giganotosaurus*），它的名字与一种名字已经失效的非洲蜥脚类恐龙巨太龙（*Gigantosaurus*）十分相似。南方巨兽龙体形巨大，同样也被冠以“比霸王龙更大”的名头。现在我们已经知道，晚白垩世的南美洲和非洲是大型异特龙类的家园，而鲨齿龙类是冈瓦纳古陆的重要成员。但它们仅仅存在于冈瓦纳古陆吗？那来自美国早白垩世的高棘龙是不是一个例外呢？ 1950 年被发现并命名的高棘龙一直被视为异特龙的近亲，看起来也属于鲨齿龙类，尽管它并不属于包括其他南方物种的分支。来自中国的假鲨齿龙（*Shaochilong*）似乎也是游离在冈瓦纳古陆鲨齿龙类以外的一个北半球成员，之后命名的其他类群则表明欧洲也有一些鲨齿龙类的化石发现。

1998 年，杰瑞·哈里斯（Jerry Harris）在描述新发现的高棘龙标本的论文中提出，来自英国南部韦尔登区的新猎龙（*Neovenator*）拥有很多鲨齿龙类的特征，其相似程度足以让它被视为这个支系的成员。2010 年由罗杰·本森（Roger Benson）领导的研究则提出，包括阿根廷的气腔龙（*Aerosteon*），澳大利亚的南方猎龙（*Australovenator*）和日本的福井盗龙（*Fukuiraptor*）在内，全球范围内发现的异特龙类与新猎龙有许多共同特征，应当整个归入一个与鲨齿龙科构成姐妹群关系的新支系——新猎龙科（Neovenatoridae）。本森和同事们将“新猎龙科＋鲨齿龙科”构成的支系称为“鲨齿龙类”。这一举动的后果就是通常意义上的”鲨齿龙”一词变得模糊了，因为它可以指代鲨齿龙类的成员，也可以指鲨齿龙科的成员。另外值得注意的是，本森团队的研究中提到大盗龙类是新猎龙科中的一个支系，因此当然也是鲨齿龙类的一部分。这种提法是有争议的，在本书的其他部分我会对此详细讨论。

鲨齿龙类的行为与其他异特龙类很接近，然而，一些物种体形巨大并具有侧向扁平且竖直的牙齿，表明它们偏爱捕食大型动物（如蜥脚类恐龙？），而且它们的撕咬方式不同于其他兽脚类恐龙。来自阿根廷的马普龙（*Mapusaurus*）与南方巨兽龙十分相似，包含 7 具马普龙个体的化石标本显示，它们可能具有社会性行为。这表明它们可能群居生活，后在一场灾难中被掩埋。美国得克萨斯州格伦罗斯地区的高棘龙足迹化石中有若干平行足迹，这可能是高棘龙具有社会性行为的证据，但也可能是不同时间平行经过同一地区的个体造成的。格伦罗斯足迹化石中的一处可能显示了一只高棘龙靠近并攻击蜥脚类恐龙，其中一段足迹的消失则暗示高棘龙可能跳上了蜥脚类恐龙的躯干。但这种说法站不住脚，因为另一项研究表明，所谓“消失的足迹”事实上并没有消失。

2010 年，来自西班牙早白垩世的昆卡猎龙（*Concavenator*）化石给鲨齿龙类的复原提供了一些有趣的证据。人们认为昆卡猎龙前肢尺骨侧面的骨节结构类似于手盗龙类的羽茎瘤，进而推测这种动物可能具有从前臂延伸向外的羽毛，或者是类似于尖刺状的羽毛或者羽茎结构。我在 2010 年对这种观点提出了质疑，我认为这种骨节结构更有可能与肌肉或者纤维组织有关系。其中的奥秘尚待揭晓，争论也还没有结束。除此之外，昆卡猎龙后爪上巨大的鳞片和巨大的球状爪垫也十分有趣。

另见词条：异特龙类（Allosauroids）；大盗龙类（Megaraptorans）。

Ceratopsians

角龙类

角龙类是生活在侏罗纪和白垩纪的鸟臀类恐龙（典型的角龙，常常被称为带角的恐龙），包括了三角龙和它的近亲。角龙类恐龙因为它们头后的骨质盾状结构，以及鼻子和眼睛附近的角而闻名，但并非所有角龙类都拥有这些特征。三角龙及其近亲，也就是最为大众熟知的角龙类，属于角龙科。这一分支中的大部分物种生活在北美洲，体形接近今天的犀牛或者大象。其他几个角龙的演化支在形态上不如角龙科可观，这反映了角龙类的大致演化趋势：体形由小到大，从两足行走演化为巨大的四足行走动物，发展出带有颈盾、喙及其他装饰结构的头部，以及长有复杂牙齿的齿列结构。

最古老、解剖学上最原始的角龙类包括来自中国晚侏罗世（可能还有德国早白垩世）的朝阳龙类和来自东亚地区早白垩世的鹦鹉嘴龙类。这些演化支的成员体长 1 ~ 2 米，双足行走。它们没有颈盾，也没有角，但头颅两侧宽阔，狭窄的钩状吻骨构成了膨大的喙状结构。在钩子一样的喙的位置具有一块额外的骨骼——吻骨，是用以扩大和

鹦鹉嘴龙

支撑上颌的喙状结构。最知名的早期角龙类物种是鹦鹉嘴龙（*Psittacosaurus*），目前已经发现了数百件标本。这些标本涉及10多个物种，时间跨度大约有2000万年，这对一个恐龙的属来说算是非常长的了。

在大约1.35亿年前，新角龙类支系从类似鹦鹉嘴龙的角龙中起源。早期的新角龙类在大小和形态上接近鹦鹉嘴龙，区别在于前者拥有较短的骨质颈盾和较浅的吻部。在大约1.1亿年前，新角龙类演化出了若干多样化的支系，有些体形巨大，发展为四足行走。其中纤角龙类生活在亚洲、北美洲和欧洲，大多数四足行走，一直延续到白垩纪末期。冠饰角龙类更为人熟知，它们的早期成员包括了东亚的原角龙（*Protoceratops*）。体形中等（大约3.5

米长）的四足行走动物祖尼角龙（*Zuniceratops*）从类似原角龙的冠饰角龙中起源，它也是第一种拥有额骨角的角龙类。祖尼角龙在形态上接近角龙科的祖先。角龙科的内容我们将留在单独的条目中讨论。

大部分角龙的演化历史都发生在亚洲，但整个支系似乎曾迁入又迁出过北美洲。如果祖尼角龙的确是角龙科祖先的近亲，那么角龙科可能起源于北美洲；但另一种类似的图兰角龙（*Turanoceratops*）来自乌兹别克斯坦，所以很难下定论。角龙科有没有可能起源于别处呢？一些来自南美洲和澳大利亚的零碎化石可能是支持这一猜想的证据，但尚未得到证实。

我们通过观察足迹和化石所处的沉积岩，发现角龙类大部分是生活在森林地区的陆生生物，但也有一些物种（例如原角龙）生活在沙漠地区。有学者认为某些角龙类可能是两栖生活的，因为它们的形态类似河马，其化石保存在水生沉积环境中，或是因为其尾部的骨质神经棘可能构成了鳍状结构。这些观点都是在管中窥豹。尽管一些角龙也有可能是水生生物，但这一点需要更多的研究来支持。

角龙宽大厚重的躯干、适于切割的喙和齿列结构表明，它们会取食距离地面 1 ~ 2 米高的高纤维植物。一个曾吸引古生物复原界的有趣想法提出，角龙类可能偶尔会尝试捡拾动物残骸并吮吸骨头，且一些小型的角龙物种可能是杂食性的。它们狭窄的喙、有力的颌和凶猛的外表让它们看起来凶猛、好斗，在对抗捕食者的战斗中不落下风。当然，这些都是推测，但听起来还有几分科学。

世界上最有名的恐龙化石之一，是保持着打斗姿态的伶盗龙和原角龙化石，这件化石于 1971 年在蒙古国被发现。它们看起来都是被沙子掩埋而死。伶盗龙的左前爪钩住了原角龙的脸部，左后爪则抵住了原角龙的脖子，但原角龙咬住了伶盗龙的右臂并且伏在伶盗龙身上。我们并不知道伶盗龙是否占了上风[1]。

学者们对于角龙类的速度和敏捷性意见不一。所有体形比绵羊小的角龙类可能都擅长奔跑，但大型角龙类就不确定了。巴克在 20 世纪 70—80 年代的论文中指出，三角龙的骨骼强度、肌肉和肌腱的尺寸比例，以及四肢的活动范围足以支持它快速奔跑。他在 1971 年绘制的飞驰的开角龙（*Chasmosaurus*）也成了恐龙文艺复兴中标志性的

1 此处原文为“upper hand”，双关，在英语中既有占据上风，也有上方的手（爪）的意思。

形象。最近更多的研究显示角龙类可能会快走或者小跑，但是不太可能像巴克所说的那样会飞奔。

那么，颈盾和角有什么功能呢？这些巨大、浮夸的结构最初可能是交配季节用于传递求偶信号或用于打斗的结构。它们可能也起到防御、散热、破坏树木等作用。但演化过程中主要受到强烈的性选择压力，就像鹿角、羚羊角、孔雀尾和变色龙的头冠一样。角龙科化石中的伤疤、凹槽和折断的角尖都证实了它们曾经的打斗。

彼得·道得森（Peter Dodson）在1996年出版的《长角的恐龙》（*The Horned Dinosaurs*）一书很好地总结了我们对角龙类的认识和研究历史。

另见词条： 角龙科（Ceratopsids）；头饰龙类（Marginocephalians）。

Ceratopsids

角龙科

角龙科是最大、最繁盛的角龙支系，包括了体形庞大，长有巨大颈盾和角的物种，例如戟龙（*Styracosaurus*）、开角龙和三角龙。三角龙及其一些近亲演化出极大的体形，体长达到9米，体重达11吨，仅头部的长度就超过2.5米。角龙科几乎全部分布在北美洲，唯一的例外我们会在之后讨论。角龙的颈盾千差万别，尺寸和形态各不相同，边缘、中线和顶端延伸的凸起结构的形状、数量和位置也大相径庭。

角龙类在北美洲经历了重要的多样性演化，其中最显著的演化发生在距今大约8000万年前，它们分化成拥有较短颈盾和较短面部的尖角龙亚科，以及颈盾和面部都较长的开角龙亚科。尖角龙亚科的眼部附近通常没有角（即额骨角），而开角龙亚科的额角则一般较长。早在20世纪初，学者就发现了这两个支系的存在，但三角龙（最早被发现和命名的角龙科成员之一）始终存在争议，因为它较短的颈盾类似尖角龙，而较长的面部和额骨角却类似开角龙。晚白垩世的厚鼻龙（*Pachyrhinosaurus*）由于拥有厚重的鼻骨凸起但没有角，自1950年被描述后也一直充满争议。在20世纪60—70年代的研究中，沃恩·兰斯顿（Wann Langston）提出三角龙是开角龙亚科中与众不同的成员，而厚鼻龙则是尖角龙亚科中比较特殊的一员。

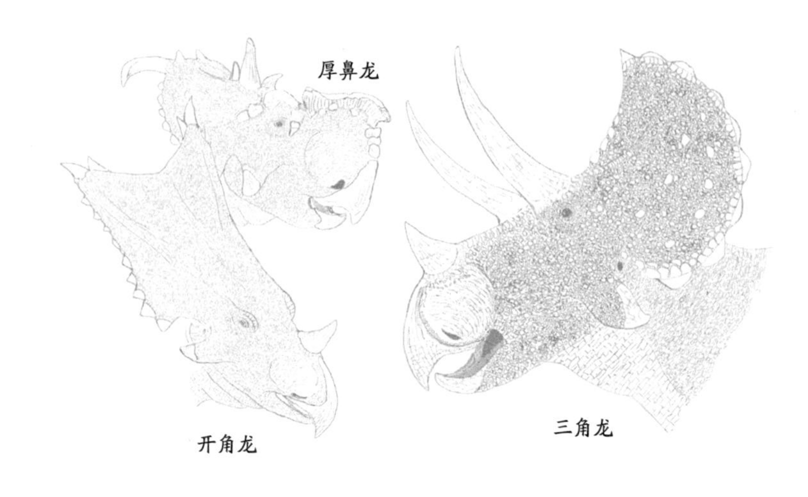

1990 年之后的许多研究都支持了这一观点。

大约从 1994 年开始，大量新发现的化石为尖角龙亚科和开角龙亚科增加了许多新的分支和演化复杂性证据。一些新发现的化石表明，尖角龙亚科最初也具有较长的额骨角，这一点符合我们的预期，因为这更接近普遍认识中角龙科祖先的近亲祖尼角龙的形态。

只有一种角龙科成员生活在北美洲之外的地区，就是中国晚白垩世的中国角龙（*Sinoceratops*）。因为它属于除了它之外尖角龙亚科全是北美洲物种，因此可能代表了支系历史中一次从北美洲到亚洲的迁徙活动。这可能意味着真实的演化历史更加复杂，或许还有更多亚洲的角龙科成员待被发现。

另见词条：角龙类（Ceratopsians）。

Ceratosaurs

角鼻龙类

角鼻龙类以侏罗纪带角的角鼻龙命名的兽脚类恐龙，可能包括了三叠纪和侏罗纪的腔骨龙类（coelophysids），侏罗纪的双脊龙类（dilophosaurids），以及主要生活在白垩纪的阿贝力龙类和西北阿根廷龙类（noasaurids）。角鼻龙于 1884 年被发现，它身上的一些特征（例如长有四指的前爪，以及沿背部中线成排的骨节）看上去很原始，但另一些特征又显得高级且接近鸟类。因此，从 19 世纪到 20 世纪 80 年代，专家们始终在争论它们的演化位置。一些人将它们归入斑龙类，另一些人则将它们归入虚骨龙类，还有人认为它们应该独立划分为一个演化支。

1986 年，雅克 · 高蒂耶（Jacques Gauthier）在关于兽

脚类系统发育的综述中提出，角鼻龙和阿贝力龙类与腔骨龙类和双脊龙类属于同一个演化支。他认为，这个类群的共有特征是在大腿骨上方侧面具有骨质突起，面部有角或冠状结构。高蒂耶选择了马什在 1884 年使用的名字“角鼻龙”来命名这个支系，并认为它们和坚尾龙类是姐妹群关系。这种观点非常新颖，因为这意味着两个同时代的兽脚类支系从同一祖先演化而来，其中角鼻龙类比另一个看上去更加原始，面部特征也非常鲜明。用一个不太恰当的比喻来说，如果说角鼻龙类对应今天的有袋类哺乳动物，那么坚尾龙类就对应着胎盘类哺乳动物。但请不要过度联想，

角鼻龙

因为越深入分析就会越发现这种观点站不住脚。

可惜，最近的研究并不支持高蒂耶的观点，反而表明相较于腔骨龙类和双脊龙类，角鼻龙和阿贝力龙类更接近坚尾龙类。但这是否意味着我们应该放弃角鼻龙类这个名字？这是有可能的，但正如部分学者认为的那样，如果角鼻龙和阿贝力龙类构成的演化支确定存在的话，我们反而就不需要这样做了。事实上，角鼻龙类这个名字已经被过度使用，以至于每个使用它的人都需要解释其应用的语境中具体的含义。

角鼻龙体长大约 6 米，其长长的牙齿和深厚的颅骨表明它们会捕食大型猎物。阿贝力龙类可能也是如此。腔骨龙类（体长 3 ～ 4 米）则不太一样，它们细而窄的头骨和轻盈的身体比例表明它们可能会捕食节肢动物、小型爬行类动物，甚至鱼类。双脊龙类（体长 6 ～ 7 米）像是特大号的腔骨龙类，一些学者甚至认为它们就属于腔骨龙类。它们因头部壮观的头饰而闻名。双脊龙（*Dilophosaurus*）来自美国南部的早侏罗世地层，头部具有成对的冠状凸起，这可能是一个更大的头冠结构的组成部分。来自南极洲早侏罗世的冰冠龙（*Cryolophosaurus*，又称冰嵴龙）的眼眶上方有一个由平滑的指状骨质凸起组成的竖直扇状冠，人们推测，这些冠、角等头饰结构是用来展示或进行交流的，就如同今天的鸟类和蜥蜴一样。

另见词条：阿贝力龙类（Abelisaurids）；坚尾龙类（Tetanurans）。

Coelurosaurs

虚骨龙类

虚骨龙类这个庞大的坚尾龙类分支包括了鸟类和手盗龙类、似鸟龙类，以及暴龙类。“虚骨龙类”这个名字背后的历史错综复杂——这里我不再展开。但在现代意义上，虚骨龙类源于雅克·高蒂耶 1986 年的提法，即最早由弗里德里希·冯·休尼（Friedrich von Huene）于 1914 年公布的这个名字指代了所有在亲缘关系上更接近鸟类而非斑龙和异特龙的兽脚类演化支。在高蒂耶看来，虚骨龙类就包括了似鸟龙类和手盗龙类，以及诸多来自晚侏罗世，体形如家鸡大小的小型兽脚类，例如欧洲的美颌龙、莫里森组的嗜鸟龙（*Ornitholestes*）和虚骨龙（*Coelurus*）。

自 20 世纪 90 年代中期以来，一系列研究显示暴龙类也应该包括在虚骨龙类之中。相比坚尾龙类中的异特龙，暴龙类实际上更接近鸟类，而且毫无疑问是从某种类似虚骨龙的小型捕食者演化而来的。事实上，虚骨龙（以及其他若干类似的坚尾龙类）常常被认为是虚骨龙类的祖先形态，它们敏捷、灵活，是生活在森林下层的活跃的捕食者，体长大约 2 米，拥有长长的上臂和带有 3 指的可抓握的前爪。这些类似虚骨龙的兽脚类恐龙很可能是温血的，它们通过羽毛来保持体温的假说可以追溯到 20 世纪 70 年代。20 世纪 90 年代以来发现的化石证实了这些恐龙长有羽毛，因此羽毛应该在虚骨龙类演化早期就出现了，远早于鸟类。一般认为羽毛最初的功能是保暖，直到后来才演化出飞行和展示的功能。

在早侏罗世的某个时期（距今大约 1.8 亿年），一些类似虚骨龙的虚骨龙类（显然不是虚骨龙本身）演化出更长的腿和脖子，产生了似鸟龙类；一些依靠有力的下颌和牙齿捕食的物种则演化成了暴龙类；另外一些演化出更长前肢和更小体形的则成了手盗龙类。在晚侏罗世之前，来自若干演化支的数十种虚骨龙类已经占据了森林、草原、沙漠和湿地。在这些环境中，角鼻龙类、斑龙类和异特龙类这些大型恐龙是当时占据统治地位的捕食者。

虚骨龙类主要类群的代表

白垩纪或许可以称为“虚骨龙的时代”，尽管其他兽脚类恐龙依然存在，但虚骨龙类占据了最广阔的生态位，体形范围最大，在身体构造和头骨形状上的变化也最多。如果一个幸运的观察者有机会回到晚白垩世的北美洲或者亚洲，那么他很可能看到巨大的杂食性似鸟龙类、凶猛的暴龙类，还有手盗龙类中野狼大小的驰龙类、体形类似鸵鸟的窃蛋龙类、庞大的镰刀龙类，以及多样性丰富的鸟类。

另见词条：手盗龙类（Maniraptorans）；似鸟龙类（Ornithomimosaurs）；坚尾龙类（Tetanurans）；暴龙类（Tyrannosauroids）。

Crystal Palace

水晶宫

水晶宫是位于伦敦南部郊区彭奇地区（而不是常说的西德纳姆区）的公园，以其19世纪50年代早期按照真实比例建造的史前生物模型而闻名。为配合水晶宫（1851年万国工业产品博览会的一部分）从海德公园迁至彭奇地区，当时投入大量资金设计了一个延伸项目，这些模型便是该项目的组成部分。这个带有自然景观的地质主题公园包含了湖泊、喷泉、林地和花园，模型就设在其中的小岛上。虽然最初的建筑已经在 1936 年被烧毁，外观和功能也几经变化，但水晶宫公园至今仍在使用。

水晶宫的史前生物模型不仅描绘了三种最早发现的恐龙——斑龙、禽龙（*Iguanodon*）和林龙（*Hylaeosaurus*），还包括了鱼龙、蛇颈龙、翼龙、沧龙等，以及很多来自古生代和新生代的其他动物。这些模型是按照人们当时对恐龙的认识塑造的，比如禽龙被塑造成带有鼻角的、类似犀牛的四足动物，斑龙是熊、鳄鱼和大象的混合体，林龙则像一只长有一排棘刺的大蜥蜴。尽管如今有人会说这些模型过时得有些可笑，但它们反映了当时最前沿的科学理解，已经是那个时代知识水平下最精确、最可靠的复原。这些模型的设计和建造归功于艺术家、雕塑家本杰明·瓦特豪斯·霍金斯（Benjamin Waterhouse Hawkins），他受托将理查德·欧文（Richard Owen）描述的恐龙变成栩栩如生的景观。虽然欧文被视为科学指导者，但事实上人们至今还不清楚他在模型建造中发挥了什么作用（除了编写指导手册之外）。

水晶宫的两具禽龙模型之一

人们在很长一段时间内都对水晶宫的模型没有太多的兴趣。直到 20 世纪 90 年代，关注史前生物艺术复原的人才开始对这些模型的细节和建造过程产生兴趣的增长，并逐渐意识到它们都是精雕细琢、细节丰富的作品。伴随着这种兴趣，对它们的参观、修复、保护和赞美也逐渐兴起。2020 年，当地新建了一座桥以改善模型的维护渠道，但模型的状态还在恶化，同时也遭到了破坏，譬如有一次一个英国人竟然把斑龙模型的面部扯了下来。

另见词条：理查德 · 欧文（Owen, Richard）。

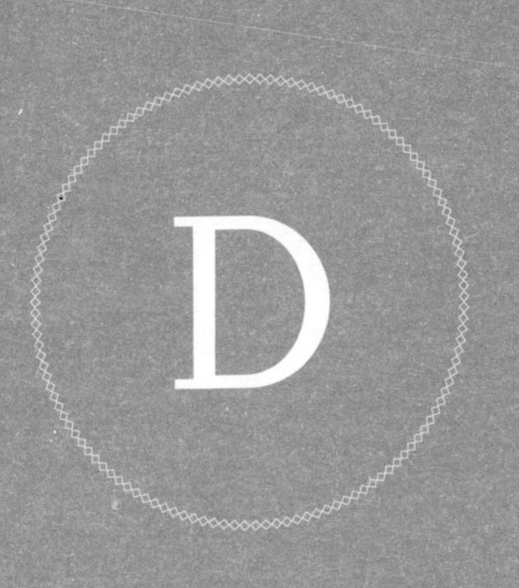
D

Deinonychus

恐爪龙

D

几乎没有几种非鸟类恐龙能像平衡恐爪龙（*Deinonychus antirrhopus*）那样知名，它于1969年由约翰·奥斯特罗姆命名，其化石发现于美国蒙大拿州下白垩统的克洛韦利组地层。奥斯特罗姆意识到恐爪龙属于驰龙科，该科由威廉·马修和巴纳姆·布朗（Barnum Brown）在1922年命名，是手盗龙类的一个演化支。在奥斯特罗姆的研究之前，人们对驰龙类的认识很有限，一般认为它们接近小型化的暴龙类。马修和布朗将驰龙类归入恐齿龙科（Deinodontidae）——他们偏好用“恐齿龙科”来称呼暴龙科。

奥斯特罗姆将恐爪龙描述为中等大小的捕食者（体长约3.5米，体重约60千克），具有长前爪、鸟类那样灵活的腕部、由交织的骨棒来稳定的尾部、有力的后肢，以及具有巨大、锋利弯曲的且始终高于地面的镰刀状爪子的第二趾。正是这个爪子让奥斯特罗姆给出了“恐爪龙”这个名字，意为“恐怖的爪子”。他认为恐爪龙可以用一条腿站立，同时用另一条腿上的镰刀状爪子对猎物开膛破肚。

恐爪龙

这样的行为需要敏捷性和高超的平衡能力，这意味着一部分恐龙是活跃的温血捕猎者。罗伯特·巴克为奥斯特罗姆1969年的论文绘制了大步向前的恐爪龙形象，这张插图让恐爪龙成为恐龙文艺复兴运动的讨论核心。

由于好几只恐爪龙的化石在同一地点被发现，奥斯特罗姆便进一步提出，恐爪龙是集群捕猎动物，曾经一起捕杀大型恐龙，并认为鸟脚类腱龙（*Tenontosaurus*）是恐爪龙最喜爱的猎物。

现在，我们知道奥斯特罗姆并不是第一个“发现”恐爪龙的人。早在1931年，在美国自然历史博物馆主持的科学考察中，巴纳姆·布朗和彼得·凯森（Peter Kaisen）就发现了同一动物的骨骼，布朗甚至准备好了骨架的复原图用于发表。他当时提出的名字是敏捷撕裂龙

（*Daptosaurus agilis*）。唉，可惜他始终没有腾出时间来完成这项工作……这一点恐怕所有研究人员都感同身受。

1969 年奥斯特罗姆的专著发表后，除了恐爪龙细长的腭骨、吻部的形状和前爪的姿态以外，人们对恐爪龙依然知之甚少。来自中国的驰龙类化石显示，这些动物无论体形如何都全身覆毛，羽毛类似始祖鸟和其他早期鸟类的羽毛。它们的前肢因为爪掌被固定为向内而更接近翼状。以上特点在恐爪龙身上也能看到，它的复原看起来就像一只巨大的、昂首阔步的长尾鹰。

奥斯特罗姆对恐爪龙行为和生活方式的观点也逐步得到修正。镰刀状的后爪后经证实并不是用于切割、削砍大型猎物的，而是用于抓握或固定小型猎物的。奥斯特罗姆认为恐爪龙集群捕猎的观点也遭受了大量的质疑。一些学者直截了当地称，集群捕猎不太可能在这些生物中出现（这更像一种哺乳动物的行为，而不是爬行动物的行为）。集群捕猎的观点也缺乏地质学证据的支撑，奥斯特罗姆认为的社会性集群可能只是意外导致的聚集（例如被洪水冲到一起）。但这些质疑也并非完全正确，爬行动物的社会性行为有不少证据，恐爪龙并不是唯一被发现个体聚集的驰龙类恐龙。现代蜥蜴和鸟类的集群捕猎行为也让人们认识到这并不仅仅是哺乳动物才有的行为。恐爪龙有可能单独捕猎，也有可能聚集起来跟踪、觅食，一起去追逐、捕食小型鸟臀类恐龙这样的猎物，并且集群休息和筑巢。

另见词条：罗伯特·巴克（Bakker, Robert）；恐龙文艺复兴（Dinosaur Renaissance）；约翰·奥斯特罗姆（Ostrom, John）；手盗龙类（Maniraptorans）；猛禽猎物限制（Raptor Prey Restraint）。

Dinosaur Renaissance

恐龙文艺复兴

在 20 世纪 60—70 年代的恐龙文艺复兴运动中，恐龙被塑造成敏捷、社会化且以鸟类形式延续至今的温血动物类群。这场运动的领导者约翰·奥斯特罗姆和他的学生罗伯特·巴克驳斥了之前认为恐龙代谢效率低下、结构粗糙因而注定灭绝的刻板印象。巴克将这种观点的转变称为“恐龙文艺复兴”，他认为这宣示着 19 世纪末盛行一时的、更加正面的恐龙形象回归了。

这场恐龙文艺复兴运动使恐龙成了各种讨论的焦点，

关于它们的生物学研究也在持续升温。阿德里安·戴斯蒙德（Adrian Desmond）在1975年出版的《热血恐龙》(*The Hot-Blooded Dinosaurs*）一书，以及在《科学美国人》《国家地理》《发现》等杂志上发表的多篇文章在宣传恐龙文艺复兴方面发挥了很大作用。

虽然很多人认为恐龙文艺复兴主要由巴克和奥斯特罗姆推动，其中最重要的催化剂是巴克在1968—1974年发表的关于恐龙温血特征和陆生蜥脚类生活方式的论文，以及奥斯特罗姆1969年对恐爪龙的描述。但另一种观点认为，恐龙文艺复兴是“二战”后历史进程和代际更替的必然结果。奥斯特罗姆和巴克的观点几乎都是基于化石形成的，例如在20世纪60—70年代波兰-蒙古联合考察队发现的化石，而这些化石的发现及其研究工作只可能在“二战”后的数十年中发生和进行。更重要的是，战后婴儿潮出生的那代人正是对恐龙感兴趣并能真正接触到化石的人群。鸟类起源、恐龙的行为、恐龙的取食机制等问题一直是研究热点，只是20世纪60—70年代前的古生物学家人数太少，所以发表的论文数量也非常有限。综合考虑这些因素，对恐龙文艺复兴更中肯的评价或许是，它的发生是天时、地利、人和的结果。

如果说恐龙文艺复兴是一起“文化事件”，那么它是什么时候结束的呢？是在 20 世纪 70 年代末就戛然而止，还是延续了更久，抑或我们至今依然身在其中？我邀请了很多同事来探讨这个问题，并发现了多种观点。尽管我们仍然生活在一个快速变化的时代，恐龙文艺复兴运动的很多观点依然得到支持和研究，这也许意味着这场运动还在继续。

但我个人倾向于认为，在文艺复兴对恐龙的看法被主流文化接受之后，这场运动就“结束”了。1993 年的电影《侏罗纪公园》，以及 20 世纪 90 年代中华龙鸟（*Sinosauropteryx*）和尾羽龙（*Caudipteryx*）等带羽毛的恐龙被发现，都可以视为这种看法得到认可的标志。如果说恐龙文艺复兴已经结束了，那么我们正处在一个新时期——或许可以称之为恐龙启蒙时代（Dinosaur Enlightenment）。

另见词条：罗伯特 · 巴克（Bakker, Robert）；恐爪龙（*Deinonychus*）；约翰 · 奥斯特罗姆（Ostrom, John）。

Dinosauroid

恐龙人

D

假设非鸟类恐龙没有完全灭绝，那么地球生物看起来会大不一样。这虽然是科幻小说中的常用设定，但科学家和科普作家对此进行过探索。自 1969 年起，加拿大古生物学家戴尔·罗素（Dale Russell）发表了一系列关于伤齿龙类的论文。伤齿龙类属于手盗龙类，相比其他非鸟类恐龙，它的大脑异常发达。

罗素对智力演化、外星生物的存在，以及寻找地外文明计划（SETI）项目都非常感兴趣。他十分好奇，如果伤齿龙类在 6600 万年前没有灭绝，它们会变成什么样？1982 年，罗素与加拿大自然博物馆的模型师、标本剥制师罗恩·塞根（Ron Séguin）合著了一篇文章，讨论了这一设想。塞根制作了真实大小的伤齿龙模型，然后又按照罗素的设想制作了假想中的伤齿龙后代模型。罗素和塞根认为，如果伤齿龙能延续到白垩纪之后，那么它们有可能演化出更大的脑部，进而产生直立行走的姿态、缩短的尾部和类似人类的外貌。他们将其称为“恐龙人”（dinosauroid）。

对恐龙人的讨论存在两极分化的情况。一些学者认为趋同演化的确广泛存在，而人类形态是一种非常高效的设计，因此人形恐龙的演化不仅是可能的，甚至是必然的。演化科学家和作家西蒙·康威-莫里斯（Simon Conway-Morris）和理查德·道金斯（Richard Dawkins）都支持这种观点。另一些学者（主要是恐龙古生物学家）认为罗素假设的前提——伤齿龙演化出更大的大脑导致其向人形演化本身是错误的。因为拥有大型大脑的手盗龙类依然保留手盗龙类的外形，而不是朝着更像人类的形态演化。

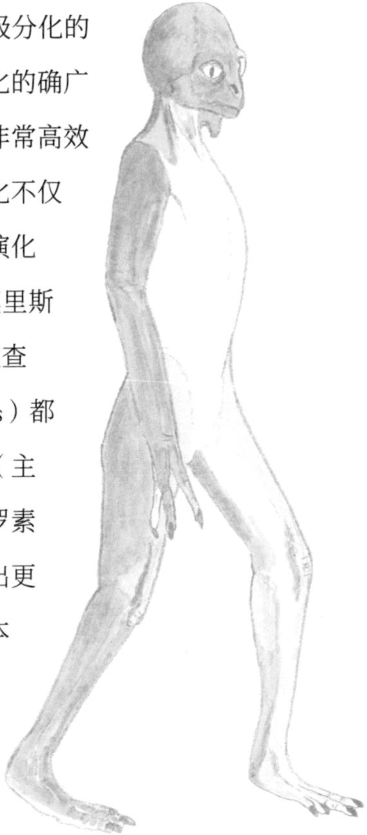

恐龙人

在罗素和塞根之前，类似恐龙人的生活已经被描绘过无数次，例如，作家埃德加·莱斯·巴勒斯（Edgar Rice Burroughs）创作的马哈尔斯（Mahars）和霍利布斯

（Horibs）[1]，科幻连续剧《神秘博士》（*Doctor Who*）中的志留纪人，以及科幻小说和同名电影《失落的大陆》（*Land of the Lost*）中的蜥蜴人。不过，没有证据显示这些形象启发了关于恐龙人的设想。一些后来出现的类似生物，可能是对前作的致敬。一些创作者可能描绘出“更加合理”的智慧爬行动物，例如哈里·哈里森（Harry Harrison）1984年的小说《伊甸园西》（*West of Eden*）中的伊兰人。自2014年起，不少艺术家都创作了他们心中的“恐龙人”，其中大多数带有羽毛，身体扁平，更接近手盗龙类而不是早期的绿色带鳞片的人形生物。

有迹象表明大部分关于恐龙人的评论都倾向负面，这不仅让罗素不太开心，也在某种程度上损害了他的声誉。事实上，这个项目最初的目的是讨论人类形态是否有可能从其他类型的生命中诞生，罗素和塞根在1982年发表的文章结尾处这样写道：“我们欢迎同行来验证不同的观点。”从这个角度看，这个实验是成功的。恐龙人的形象依然是讨论潜在演化事件时的试金石，塞根的模型也有多个复制品存世，大多数喜欢恐龙的人都知道这个形象。

1 两者是小说《地球空洞记》中的类似恐龙人形象。

另见词条：手盗龙类（Maniraptorans）。

Diplodocoids

梁龙超科

梁龙超科是蜥脚类恐龙分支，包括较为原始的雷巴齐斯龙类（rebbachisaurids）、拥有鞭状尾巴的叉龙类（dicraeosaurids）和梁龙类。这三者的共同特征包括纤细的齿冠和颈椎上较短而且不叠覆的颈肋。典型的梁龙超科成员拥有很长的脖子和尾巴，吻部相对长而浅的轻巧头部，以及方方的嘴巴。一些雷巴齐斯龙类的吻部前端最为宽阔，并且仅在那里有牙齿。叉龙类和梁龙类的鞭状尾巴有可能用于攻击或者防御。

最知名的梁龙超科成员是来自莫里森组沉积的梁龙、重龙（*Barosaurus*）、迷惑龙和雷龙，它们都属于梁龙科（Diplodocidae）。梁龙科中的一些恐龙体长超过 25 米，可以被称作“最大的恐龙”。同样来自莫里森组的极巨龙（*Maraapunisaurus*），它的化石（现已遗失）显示其体长可能在 30 米以上。极巨龙在很长时间内都被认为是一种梁龙，直到最近才被重新鉴定为雷巴齐斯龙类。

梁龙超科的生物学特征和行为一直是争议的焦点。它们较短的前肢、臀部高耸的神经棘和相对靠后的重心位置（以及其他特征），让一些研究人员认为它们可能善于使用双足或三足站立。它们可能用这种姿态来获取高处的树叶，或者打斗，甚至与大型兽脚类打斗时用来震慑对方。这些动物颈部的习惯性姿态也备受争议。一些人认为梁龙超科的颈部被限制在水平方向上，仅仅在靠近头部的地方有些微向上或者向下的弯曲。另一些人（包括我自己）则认为它们的脖子大部分时间竖直向上。综上所述，就有了第三个讨论的话题：它们的取食行为。梁龙超科的成员是将超长的脖子伸向地面来取食蕨类、木贼和苏铁；还是向上伸展，选择其他植食性动物碰不到的植物树冠部分？我认为这两种行为可能都存在，根据不同的需要，不同物种或是不同生长阶段的同一物种的行为也会改变。一些人认为脖子竖直会造成过高血压的说法无疑是荒唐的，蜥脚类的颈部要比任何现生的动物长好几个数量级，所以几乎可以肯定它们颈部中某种软组织发生了特化，从而为它们提供了保护。

梁龙超科大多生活在晚侏罗世，不过中国的叉龙类灵

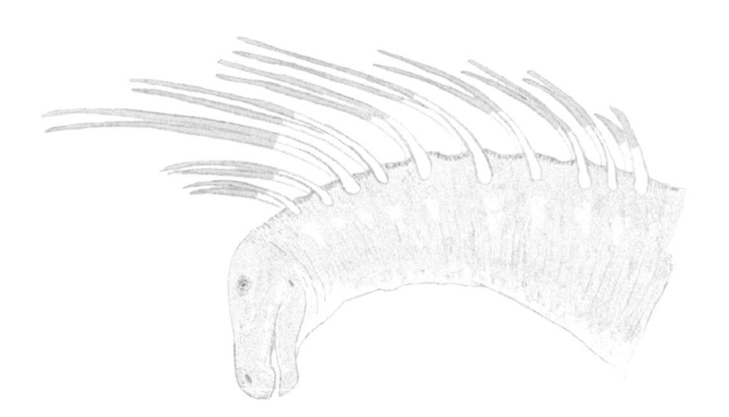

叉龙类巴哈达龙布满尖刺的颈部

武龙（*Lingwulong*）显示它们在中侏罗世就已经分化成三个主要的支系。尽管如此，雷巴齐斯龙类还是主要生活在白垩世（极巨龙是个例外）。它们较短的颈部，向下弯曲的吻部，以及宽阔的嘴巴表明它们可能善于在地面取食。梁龙类和叉龙类都在南美洲延续到了白垩纪，其中最有名的是阿根廷的叉龙类巴哈达龙（*Bajadasaurus*）和阿玛加龙（*Amargasaurus*）。二者颈椎处都具有向上凸出的长长的骨质神经棘，可能包裹有角质，且用于展示。

另见词条： 雷龙（*Brontosaurus*）；莫里森组（Morrison Formation）；蜥脚类（Sauropods）。

H

Hadrosaur Nesting Colonies

鸭嘴龙筑巢群

H

20 世纪 70 年代，大家已经充分了解到非鸟类恐龙会筑巢放置它们椭圆形或者近球形的蛋。在多处出土的化石蛋和巢穴都证实了这一点，特别是 20 世纪 20 年代在蒙古国晚白垩世沉积中的著名发现。但是，关于非鸟类恐龙是否存在育幼行为、它们的筑巢是个体行为还是群体行为，以及它们对筑巢地点是否有偏好等问题，当时还没有明确的看法。中生代恐龙蛋和巢穴之稀少让人认为筑巢行为可能局限于高地地区，但恐龙幼崽化石稀少的原因依然扑朔迷离。

从20世纪70年代末到整个80年代，杰克·霍纳（Jack Horner）公布了在美国蒙大拿州西部的一系列发现，之后关于幼崽化石的研究就迎来了转机。1978 年，霍纳和他的朋友兼同事鲍勃·马卡拉（Bob Makela）来到蒙大拿州小镇拜纳姆。在马里昂·布兰德沃德（Marion Brandvold）经营的矿藏与化石小店，他们被邀请鉴定一些细碎的骨头。结果发现，这些化石来自一只身长大约 45 厘米的鸭嘴龙幼崽。这是一系列神奇发现的开始。

这些化石出土于大约 7700 万年前晚白垩世的双麦迪逊组沉积当中。在搜寻了布兰德沃德发现化石的地点后，霍纳和马卡拉发现至少来自 14 只个体的化石混杂在一起，聚集在一个小土堆顶部的圆形凹坑中。化石周围发现了蛋壳的碎片。这是一个鸭嘴龙新属种的巢穴，他们在 1979 年将其命名为“慈母龙”（*Maiasaura*）。慈母龙成年个体的头骨在距此大约 100 米处被发现。因为幼崽尚在巢穴中，所以霍纳和马卡拉认为存在育幼行为，但这些不幸的幼崽在父母无法返回巢穴之后死于饥饿。

在后续研究中，霍纳报道了来自同一地区的另外 6 个慈母龙巢穴，它们互相之间相隔大约 7 米。这便是慈母龙或其他鸭嘴龙类集群筑巢的证据。这一发现的时机恰到好处，因为当时的记者和作家还沉浸在恐龙文艺复兴带来的震惊之中。这些发现印证了非鸟类恐龙行为的复杂性，而且表明它们在育幼行为上甚至非常接近鸟类。因此，在 1979 年之后出版的几乎每一种与恐龙相关的书籍或者文章中都有单独介绍慈母龙的章节，慈母龙和它可爱的短吻幼崽在一起的形象也成为鸭嘴龙类的象征。

霍纳关于慈母龙筑巢和育幼的模型认为，它们会集群筑巢，巢穴形状类似陨石坑，每一窝中有 20 ~ 30 个蛋，它们使用植物覆盖蛋，并借助植物腐烂时产生的温度来孵化幼崽。父母中的一方或者双方会带回食物，而幼崽会在巢中大约长到体长 1 米。后来在蒙大拿州其他地方以及加拿大阿尔伯特恶魔谷发现的化石也支持了这一模型。蜥脚类和非鸟类兽脚类恐龙中也存在类似的集群筑巢现象。

另见词条：恐龙文艺复兴（Dinosaur Renaissance）；鸭嘴龙类（Hadrosaurs）；杰克·霍纳（Horner, Jack）。

Hadrosaurs

鸭嘴龙类

鸭嘴龙类是物种最丰富，分布最广泛，也是研究最多的非鸟类恐龙支系之一。鸭嘴龙类包括了晚白垩世鸟脚类恐龙中的禽龙类的大部分。它们从属于一个更大的类群——鸭嘴龙超科。鸭嘴龙超科是从类似禽龙的大型四足恐龙演化而来。

鸭嘴龙是体形庞大的植食性恐龙，有的物种仅有 4 米长，而来自中国东部的山东龙（*Shantungosaurus*）可达 17

米长。它们强健的后肢有 3 个趾，肌肉发达而坚硬的尾部在后半部变得细长，特化的前肢已经不见拇指的踪影，中间 3 个指头合并形成类似马蹄的结构，而第五指变成可以独立运动的棍状。鸭嘴龙类的头部拥有完全无齿的喙状区域和巨大的齿列结构。紧密排列的牙齿非常有力，且它们一直在不断长牙、换牙。一些物种甚至大约拥有 1000 颗牙齿，骨组织学的证据显示，这是演化历史上最复杂的牙齿结构之一。

鸭嘴龙类头部的解剖结构非常多样化。有的物种面部拉长但没有冠，该类群的鼻腔弯曲变厚、变长，拥有坚实的刺状骨质冠，还有的类群拥有结构复杂的中空骨质冠。一件标本显示，就连缺乏骨质冠的类群也可能具有软组织构成的头冠。武断地认为除了头部形态之外鸭嘴龙类都大同小异，可就大错特错了。它们的身体比例，四肢骨骼和其他很多方面都存在显著不同。

最近几十年，学界达成共识，认为鸭嘴龙类（或称鸭嘴龙科）包含两个演化支：拥有平坦头部或者坚硬头冠的鸭嘴龙亚科（Hadrosaurinae）和拥有中空头冠的赖氏龙亚科（Lambeosaurinae）。这两个演化支中更加精细的分类也已经得到公认。在鸭嘴龙亚科内，包含了短冠龙族

（Brachylophosaurini）、埃德蒙顿龙族（Edmontosaurini）、分离龙族（Kritosaurini）和栉龙族（Saurolophini）；赖氏龙亚科包含了咸海龙族（Aralosaurini）、青岛龙族（Tsintaosaurini）、副栉龙族（Parasaurolophini）和赖氏龙族（Lambeosaurini）。

到了2010年，事情开始变得复杂起来。鸭嘴龙领域的专家阿尔伯特·皮耶妥－马奎兹（Albert Prieto-Marquez）发现，美国新泽西的鸭嘴龙属（*Hadrosaurus*）化石——也就是与这个类群同名的物种（同时也是北美洲第一种被命名的非鸟类恐龙），其实并不属于包括了绝

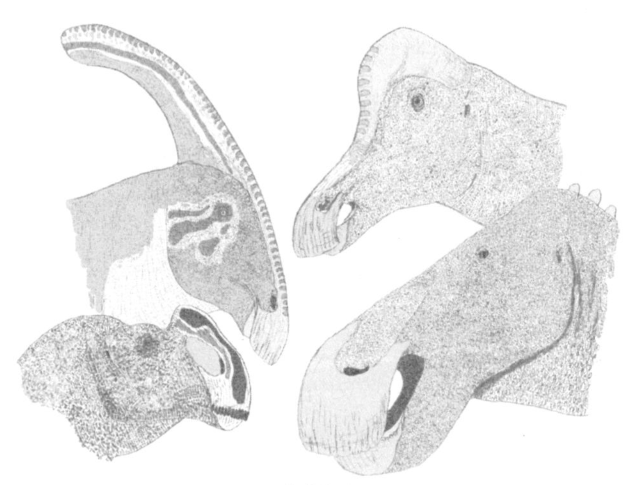

鸭嘴龙类

大多数鸭嘴龙类的演化支。也就是说鸭嘴龙亚科事实上并不包括鸭嘴龙属。栉龙亚科（Saurolophinae）这个名字（最早发表于 1918 年）成了一个替换选项，因此皮耶妥－马奎兹和同事提出用“栉龙亚科”替换“鸭嘴龙亚科”。另一个值得提起的是杰克·霍纳在 20 世纪 90 年代早期的想法。他认为栉龙亚科和赖氏龙亚科不是共同起源的，前者起源于类似禽龙属的祖先，而后者从类似豪勇龙（*Ouranosaurus*，一种来自尼日尔早白垩世地层、带有背帆的禽龙类）的动物演化而来。不过，最近的研究都不支持这一假说。

栉龙亚科中的恐龙都像埃德蒙顿龙这样拥有平坦宽阔吻部的形象，很好地解释了为什么它们被称为长着“鸭嘴”（曾经也叫作“匙嘴”）。埃德蒙顿龙这样的鸭嘴龙类，其头部从上方或者下方看起来的确实像匙形。但特异保存的带有角质喙组织的化石显示，鸭嘴龙生前，头部并不像匙形，反而是巨大的向下弯曲的喙构成了其主要特征。扬·韦斯鲁伊斯（Jan Versluys）和威廉·莫里斯（William Morris）分别于 1923 年和 1970 年纠正过这个复原，但直到最近它才引起关注。

鸭嘴龙巨大的喙曾被用于切割各式各样的枝叶。当我们把这一结构和齿列结合起来，它们无疑是不可阻挡的植物收割机，它们会取食树叶、枝条，甚至是木头本身。我们从鸭嘴龙类的粪便化石中了解到，它们的食谱包含了以上所有东西，甚至偶尔还有动物，例如甲壳动物。因此，一种过时的观点认为鸭嘴龙类是两栖动物，它们的食物局限于柔软的水生植物，但事实显然不是这样的。不过，鸭嘴龙类仍然有可能善于涉水或游泳，一些类群也可能会经常取食两栖或水生植物。但鸭嘴龙类的解剖学显示，它们绝大多数时候是在森林、灌木丛甚至半沙漠地区生活的。至于其生物学的其他特征，通过在美国发现的鸭嘴龙蛋、巢穴和筑巢地化石，我们已经比较了解它们的筑巢行为。

大多数鸭嘴龙类分布在北美洲和亚洲，但也有来自南美洲、欧洲、南极洲和北非的零星发现。这说明它们可能在白垩纪中期起源于东亚地区，之后经历了若干扩散事件分布到其他地区，其中包括了几次跨越水域的迁徙（有可能通过游泳）。

另见词条： 鸭嘴龙筑巢群（Hadrosaur Nesting Colonies）；禽龙（*Iguanodon*）；鸟脚类（Ornithopods）。

Hell Creek

地狱溪

在发现过恐龙的岩层中，名气能赶上美国蒙大拿州地狱溪组的可谓屈指可数。原因何在？这就为你揭晓。地狱溪是名副其实的荒野，充满了风蚀和水蚀雕刻出的干枯沟壑和陡坡。这里含有泥岩、粉砂岩和砂岩的沉积可以追溯到晚白垩世和古新世，不过我们对其中的白垩世地层尤其感兴趣。它们形成于马斯特里赫特期（晚白垩世最后一个地质时期），而且一直延伸到北达科他州、南达科他州和怀俄明州。

知名古生物学家巴纳姆·布朗率先意识到这一片沉积值得被单独命名，他在 1907 年将其命名为地狱溪河床。但之后的几年中，专家们大多认为地狱溪的沉积物应该归属于兰斯组。“地狱溪组”这个名字 20 世纪 50 年代开始使用，但直到 2014 年才正式建立。“地狱溪”和“地狱溪组”两个词的意思不完全一致，但在讨论晚白垩世生物时专家们通常会将所有产自地狱溪组的生物称作地狱溪生物群。

地狱溪闻名的最主要原因是，1902 年这里发现了霸王龙的正模标本（用于物种命名的特定标本），当然它易于记忆的名字也是原因之一——“地狱溪”听起来就和世界上最凶残的顶级捕食者有某种联系。除霸王龙之外，地狱溪生物群还包括了三角龙、甲龙（*Ankylosaurus*）、肿头龙（*Pachycephalosaurus*）和鸭嘴龙类的埃德蒙顿龙，它们都被视为各自支系中最后的也是“终极”的代表。

地狱溪不止有恐龙，其植物化石为我们重建马斯特里赫特期的环境提供了很好的证据，地层中还发现了大量的鱼类、两栖动物、哺乳动物、蜥蜴、龟和无脊椎动物。在马斯特里赫特期，这里曾是丛林密布的亚热带或者温和低地环境，有炎热的雨季和凉爽的旱季。像霸王龙这样的动物曾在树林和蕨类草原上漫步，不时出现的沼泽与河流让区域的气候变得潮湿。正在消退的西部内陆海道紧挨着地狱溪的南部和东部，海洋生物偶尔也会进入河道。

1966 年，地狱溪地区被美国国家公园管理局划定为国家自然地标，这反映出地狱溪组在白垩纪地质学和古生物学研究方面的重要意义。地狱溪地区的野外考察至今仍在继续，当地的化石、沉积学、地层地质学研究成果也在持续地发表。除此之外，这里的动植物和环境并没有广泛出现在古生物艺术中，因为艺术家在准确描绘这些事物方面遇到了很大困难。

另见词条：霸王龙（*Tyrannosaurus rex*）。

Herrerasaurs

埃雷拉龙

埃雷拉龙属于最原始的恐龙类群，是一种生活在晚三叠世南美洲，可能还生活在北美洲、欧洲和印度的类似兽脚类的捕食性恐龙。1973 年，埃雷拉龙（*Herrerasaurus*，准确地说是埃雷拉龙科）在阿根廷被报道。起初，人们认为它有可能是一种原蜥脚类。在 20 世纪 90 年代保存完好的化石显示，埃雷拉龙拥有矩形的吻部，长而弯曲的牙齿，以及类似兽脚类的前肢。其前肢内侧的 3 个指头上带有巨大的爪子，腕和肘关节的活动能力接近坚尾龙类。埃雷拉龙是这个支系中体形最大的成员，可以达到 6 米长。其他种类，包括阿根廷的圣胡安龙（*Sanjuansaurus*）和巴西的南十字龙（*Staurikosaurus*）和噬颌龙（*Gnathovorax*），体长 2 ~ 3 米。

埃雷拉龙的骨盆结构很奇怪（耻骨垂直向下，而不是像“本应该”的那样指向下前方），相比其他兽脚类恐龙它的后爪显得更宽，而且仅有两块荐椎（恐龙一般至少有三块）。基于这些原因，流传最广泛的一种观点认为，埃雷拉龙是一种原始的蜥臀类恐龙，处于兽脚类和蜥脚形态类构成的演化支之外；另一种观点认为，它们是一种原始的恐龙，处于蜥臀类和鸟臀类构成的演化支之外；还有观点认为，它们应该被排除在恐龙家族之外，是某种类似恐龙的生物。

1993 年，保罗·塞利诺和他的同事们描述了来自阿根廷晚三叠世的原始恐龙——始盗龙（*Eoraptor*），提出了一种令人惊奇的全新观点。他们认为，埃雷拉龙是一种原始的兽脚类恐龙，它的下颌、前肢、肩带和尾部都比之前认为的更接近兽脚类恐龙。塞利诺在之后的工作中也强调了这种观点，而且还在埃雷拉龙的颚和面部找到了更多类似兽脚类恐龙的特征。塞利诺还认为埃雷拉龙其实有 3 块荐椎，而不是两块。最后，鸟腿龙类模型[1]将埃雷拉龙置于何处呢？一些研究者提出埃雷拉龙与蜥脚形态类构成一个演化支，这不禁让人回想起 20 世纪 70 年代曾经提出的观点。

1 一种恐龙分类的假说，认为兽脚类和鸟臀类构成姐妹群关系。

目前发现的埃雷拉龙类化石都生活在晚三叠世，它们似乎在三叠纪—侏罗纪界限前就灭绝了。除了知道它们是陆生掠食性动物（可能捕食其他恐龙和同时代的动物）外，我们对它们的生物学特征和行为都知之甚少。

另见词条：鸟腿龙类（Ornithoscelida）；保罗·塞利诺（Sereno, Paul）；兽脚类（Theropods）。

Heterodontosaurids

畸齿龙类

畸齿龙类是一群小型、轻盈，双足行走的鸟臀类恐龙，以拥有类似犬齿的獠牙而著称。畸齿龙属（*Heterodontosaurus*）发现于南非和莱索托的早侏罗世地层，因异形的牙齿（即同时拥有不同形态的牙齿）而得名——它们长有类似门齿、犬齿和臼齿的多种牙齿，在上下颌的前段还有一块没有牙齿的喙状区域。它们的上臂很长，有 5 根指头，其中内侧 3 根修长且带有强壮的弯曲指爪。后肢同样很长，其中部分骨骼融合到一起，这说明它们善于快速奔跑。畸齿龙属是畸齿龙类中的大个子，体长超过 1.5 米，其余畸齿龙类大部分体长大约 1 米或是更小。体长 60 ～ 70 厘米的棘齿龙（*Echinodon*）来自早白垩世的英格兰，是为数不多延续到白垩纪的类群之一；在莫里森组发现的果齿龙同样也很小。棘齿龙和果齿龙都是已知最

畸齿龙类

小的鸟臀类恐龙。

畸齿龙属生活在沙漠地区，畸齿龙科的其他种类可能也是如此，但它们在亚热带和温带的森林，以及稀树草原也有分布。在南美洲、北美洲、非洲、欧洲和亚洲都发现了它们的化石，可能是它们起源时各个大陆还聚合在一起，因此全球都有分布。

在地层中相近的地方也发现了带有獠牙和不带獠牙的畸齿龙类化石，因此有人认为它们是属于同一物种的性二型，雄性会使用獠牙来打斗或者展示。考虑到多方面的区别，而不仅仅是有獠牙或没有獠牙，我们目前认为带有獠牙和不带獠牙的标本属于不同类群。更重要的是，一个未成年的畸齿龙个体拥有发达的獠牙，这与社会性选择的观点相悖。1978 年，古生物学家托尼·索尔伯恩（Tony Thulborn）认为畸齿龙类不会经历持续的换牙，而是只换牙一次，夏眠（在干旱季节休眠的行为）为此提供了证据。后来的研究显示，这个类群换牙有大量的证据，但所谓的夏眠则没有证据。因为畸齿龙类属于鸟臀类，所以我们可以认为它们是植食性恐龙，这也与其牙齿磨耗形态吻合。不过，它们依然有可能是杂食性甚至是肉食性的。

畸齿龙类在鸟臀类演化树上的位置在哪儿呢？ 20 世

纪70—90年代的主流观点认为，它们是原始的鸟脚类，当时的“鸟脚类”约等于“双足行走的鸟臀类”。但畸齿龙类缺少鸟脚类的特征，于是这种观点不再流行。一些研究提出，畸齿龙可能是所有鸟臀类里面最原始的支系之一，且接近这个类群的共同祖先。如果这是正确的，那么它们长长的前后肢和尾巴就反映出早期兽脚类和蜥脚形态类在演化上的亲密关系。畸齿龙类和兽脚类的相似性也确实启发了鸟腿龙类的假说。

畸齿龙类的牙齿、颅骨和臀部又很像头饰龙类，因此20世纪80年代以来，它们可能与头饰龙类关系很近甚至是其中一员的观点被多次提出来。1994年，研究员、作家乔治·奥尔舍夫斯基（George Olshevsky）将畸齿龙类和头饰龙类归入同一演化支——畸齿龙类（Heterodontosauria）。这是1985年迈克尔·库珀（Michael Cooper）为畸齿龙科和来自阿根廷的皮萨诺龙（*Pisanosaurus*）提出的名称。2006年，徐星和同事们的研究为这个类群提出了另一个名字，“畸齿龙形类”（Heterodontosauriformes）。2020年，保罗-埃米尔·迪厄多内（Paul-Emile Dieudonné）和同事所做的研究发现畸齿龙类和肿头龙类关系接近，且肿头龙类包含在畸齿龙类之中。他们还发现在畸齿龙类中，天宇龙（*Tianyulong*）和棘齿龙比其他畸齿龙类更靠近肿头龙。这也就意味着畸齿龙类是一个人造的分类，而不是一个演化支。在本书写作时（2020 年底），迪厄多内团队的提议正等待评估。

还有一个值得谈论的话题是畸齿龙类在恐龙出现过程中扮演的角色。生活在晚侏罗世中国的天宇龙身上带有毛发状的纤维和细丝，这些结构至少出现在颈部、躯干和尾巴，并沿背部中线形成了高耸的鬃毛。其他的畸齿龙类是否也有类似的外表，甚至其他的小型鸟臀类是不是也是这样？这些结构与兽脚类和翼龙类的毛发是否同源？争论还在继续，各种观点也互不相让。

另见词条：头饰龙类（Marginocephalians）；鸟腿龙类（Ornithoscelida）；肿头龙类（Pachycephalosaurs）。

Horner, Jack

杰克 · 霍纳

美国古生物学家杰克 · 霍纳凭借对鸭嘴龙筑巢行为、

恐龙生长与形态改变的研究，以及曾作为电影《侏罗纪公园》的顾问而闻名。霍纳在其职业生涯早期研究的是远早于恐龙时代的动物，但 1978 年他在美国蒙大拿州发现鸭嘴龙蛋、巢穴集群、幼体和成体化石，声名鹊起。霍纳和同事鲍勃·马卡拉将这种恐龙命名为“慈母龙”，意为“好妈妈蜥蜴”，用以指示这种动物的育幼行为。这一发现彻底改变了人们对恐龙行为的理解。

霍纳和马卡拉不仅找到了慈母龙的巢穴，还发现了其他更小型恐龙的巢穴。后者一开始被认为属于鸟脚类恐龙奔山龙（*Orodromeus*，1988 年由霍纳和戴维·威沙姆佩尔命名），但后来发现它们事实上属于手盗龙类中的伤齿龙类。

为了进一步了解恐龙的生长发育和新陈代谢，霍纳在巴黎与阿尔芒·德·里克莱斯（Armand de Ricqlès）合作，学习了制作骨骼切片的技术。这为霍纳之后发表有关恐龙生长的论文奠定了基础，也为他参与玛丽·施韦泽（Mary Schweitzer）2005 年带领的霸王龙髓质骨研究打下了基础。髓质骨是之前被认为仅存在于鸟类体内的组织，在形成蛋壳时用于储存钙质。霍纳关于恐龙生长的几篇论文［与杰克·斯坎内拉（Jack Scannella）、马克·古德温（Mark

Goodwin）等人合著］认为，角龙类和肿头龙类经过了非常极端的个体发育过程，也就是说它们在成熟过程中经历了巨大的解剖学变化。霍纳和他的同事认为，一些之前被鉴定为不同物种的化石事实上是同一物种的不同生长阶段。这种看法非常有争议，而且其他学者也对此表示了反对。

霍纳在20世纪90年代提出霸王龙不是活跃的捕食者而是食腐动物时也引起了争议。这个从生态学角度看来不太可能的假说在2008年被托马斯·霍尔茨（Thomas Holtz）有力地驳斥了。

大约从2009年起，霍纳开始讨论另一个让他持续获得媒体曝光的话题，即遗传学技术的进步可以让家鸡变成某种类似中生代手盗龙类的动物。这个所谓的"恐龙鸡"计划显然受到了电影《侏罗纪世界》的启发。有几项相关的研究已经发表，讨论了如何将现代鸟类的吻部、踝关节和尾部在胚胎早期发育阶段进行调整，从而获得原始恐龙的特征。目前来说一切顺利，但是距我们看到长得像伶盗龙那样的活生生的"恐龙鸡"还有很远的距离。

鉴于霍纳曾为电影《侏罗纪公园》和《侏罗纪世界》担任顾问，他从1993年起就成了恐龙世界的公众人物，他的观点和发现也得到媒体的广泛报道。他曾出版了几本科普书籍，其中最有名的是 1988 年与詹姆斯 · 格尔曼（James Gorman）合著的《发掘恐龙》(*Digging Dinosaurs*)，以及 1993 年和唐 · 莱斯姆（Don Lessem）合著的《完整的霸王龙》(*The Complete T. Rex*)。

另见词条： 鸭嘴龙筑巢群（Hadrosaur Nesting Colonies）；《侏罗纪公园》(*Jurassic Park*)。

I

Iguanodon

禽 龙

禽龙是一种具有尖刺状拇指的欧洲鸟脚类恐龙，也是最早被发现的三种恐龙之一和第二种被科学描述的非鸟类恐龙。禽龙被发现的故事已经在各种书籍中被讲述过很多次了，再重复不免显得烂俗，不过还是让我们简单回顾一下。19 世纪 20 年代早期，英国古生物学家、外科医生吉迪恩 · 曼特尔（Gideon Mantell）从蒂尔盖特砂砾岩中发现了一些牙齿和骨骼化石。它们看起来像是来自某种体形巨大的动物，但曼特尔和他的同事无法鉴别它们。当时人们认为蒂尔盖特砂砾岩的年代比较新，并不是大型爬行动物生活的地质年代。

1824 年，曼特尔在见到鬣蜥的牙齿之后，意识到他发现的化石属于一种巨大的植食性爬行动物，外形类似于一只巨大的鬣蜥。1825 年，他将其命名为“禽龙”。尽管这个名字是曼特尔首先发表的，但事实上最先意识到它和鬣蜥的相似性的是塞缪尔 · 斯塔奇伯里（Samuel Stutchbury）而不是曼特尔。随着证据的增加，曼特尔的“大型鬣蜥”形象也在修改，其中最引人瞩目的是曼特尔在 1834 年获得的部分骨架，今天它们被称为“曼特尔碎块标本”。曼特尔认为这些标本可能具有一个鼻角。在之后的岁月中，他对禽龙的认识不断变化。1851 年（也就是他去世的前一年），他提出禽龙可能用双足行走且上臂短小。

但在 1852 年，曼特尔对禽龙的观点被理查德·欧文改写了。欧文提出禽龙是一种尾部短小、状似犀牛的动物。得益于水晶宫里的模型，我们确切知道了他眼中的禽龙是什么样子。到 1884 年，禽龙“真实”的外貌才由来自比利时贝尼萨尔的完整骨架揭示出来。基于路易斯·多罗（Louis Dollo）的研究并且在布鲁塞尔装架的禽龙骨架表明禽龙并不像曼特尔和欧文复原的样子。它既不像鬣蜥也不像犀牛，而是一种拥有喙和类似鸟类后肢的动物。曼特尔发现的尖刺可能是用作武器的拇指而不是鼻角。

在多罗之后，人们对禽龙的复原依旧在变化。多罗认为禽龙会像袋鼠那样站立，以至于在复原时他不得不将骨架的尾部拆分重新组装呈现袋鼠的姿势。20 世纪 80 年代正值“后恐龙文艺复兴”时期，人们认为恐龙行走时躯干和尾部会呈水平状。英国古生物学家戴维·诺曼（David Norman）提出禽龙的前肢适合支撑重量，它们可能在大部分时候都是四足行走的。对其他禽龙类的研究和禽龙足迹化石都支持了这一观点。现在“诺曼”的禽龙已经被广泛接受。

事实上，诺曼的研究使禽龙成为被研究得最透彻的非鸟类恐龙之一。他的工作主要基于比利时巨大沉重的禽龙骨架[贝尼萨尔禽龙（*I. bernissartensis*）骨架]。贝尼萨尔禽龙与曼特尔在英国发现的体形较小的禽龙显然不是同一种生物。几乎可以肯定，曼特尔的“禽龙”不属于贝尼萨尔禽龙。因此，研究人员在1998年将贝尼萨尔禽龙定为

禽龙

禽龙属的指名种，也就是说禽龙这个名字永远和贝尼萨尔禽龙联系在一起了。这可能是个还不错的选择。但这样讨论禽龙的历史，又让人感到有些苦涩，因为“禽龙历史”中的大部分都和禽龙没有了关系。

那么，曼特尔当年研究的英国的原始标本是什么呢？在 2010 年发表的一系列文章中，诺曼提出存在两种英国的禽龙：比较笨重的重髂龙（*Barilium*）和一种比较轻盈的高刺龙（*Hypselospinus*，名字源于它高耸的神经棘）。曼特尔研究过的化石中，至少有一部分属于这两种动物。而在 19 世纪和 20 世纪早期，在英国以外发现的不少鸟脚类化石被视为禽龙，现在人们认为它们属于其他类群。

曼特尔讲述的禽龙故事有一个关键之处——它是由曼特尔本人讲述的。据说曼特尔的妻子玛丽在一次陪同曼特尔出诊时发现了最早的牙齿化石，所以她在故事中经常被提及。一些研究人员，例如历史学家、作家丹尼斯·迪恩（Dennis Dean）认为故事中的这一部分是虚构的。但我们也有理由相信其真实性：玛丽是一位受过教育的、具有专业技能的女性，她为曼特尔的一些研究绘制了插图。他们在 1839 年分居，而曼特尔最终宣布他憎恨她，甚至交代儿子瓦尔特在他死后把玛丽的名字从他的日志中删除。

一篇发表于1887年的文章称，玛丽外出拜访朋友时发现了牙齿化石，将它们买下，整个过程都没有曼特尔参与。这篇文章直到2020年才引起注意。如果这是真的，那么可以确认她在故事中发挥的作用，也意味着她在禽龙的发现过程中扮演的角色比之前人们认为的重要得多。

另见词条：水晶宫（Crystal Palace）；鸟脚类（Ornithopods）；理查德·欧文（Owen, Richard）。

J

Jurassic Park

《侏罗纪公园》

《侏罗纪公园》最初是在 1983 年成形的剧本，随后是 1990 年最畅销的小说，之后是一部电影和系列衍生电影。《侏罗纪公园》在向大众介绍“现代视角”中的恐龙和恐龙文艺复兴方面发挥了巨大作用。

《侏罗纪公园》的剧本和小说来自美国作家迈克尔·克莱顿（Michael Crichton），他凭借涉及科幻和未来科技主题的惊悚小说而闻名。克莱顿的作品常常描述人为干涉技术带来的危险，并对科技进步通常持有悲观的态度。这些观点在很大程度上也在电影中得到表现。

《侏罗纪公园》是一部关于基因工程的警世小说，故事中涉及将灭绝生物复活的商业行为。书中大约 20 种恐龙在一个主题公园中被复活，并且它们从一开始就显得极端危险并具备逃脱的能力。整本书中都在借数学家伊恩·马尔科姆之口用混沌理论来解释现象。显然，克莱顿读过格雷格·保罗 1988 年出版的《世界捕食性恐龙》（*Predatory Dinosaurs of the World*），因为他的小说中体现了该书中的部分观点。他同样熟悉杰克·霍纳关于鸭嘴龙生物学的研究，小说中的主角、古生物学家艾伦·格兰特（Alan Grant）就是以霍纳本人为原型的。虽然克莱顿的小说在很多方面都表现得不错，但克莱顿故事中的一些观点也引起了争议，例如霸王龙有类似变色龙的舌头，很多恐龙都是有毒的，驰龙类的咬合力与鬣狗不相上下，以至于可以咬穿金属棍。

在小说出版之前，克莱顿就已经在讨论将其改编成电影了。众多好莱坞大佬，例如史蒂夫·斯皮尔伯格、蒂姆·伯顿和詹姆斯·卡梅隆都想买下版权，最终斯皮尔伯格和环球影业胜出。一群特效工作者组成的梦之队准备将恐龙“复活”，其中包括导演菲尔·蒂贝特及斯坦·温斯顿工作室和工业光魔的团队。影片制作中运用的计算机图形学（Computer Graphics，简称CG）技术可谓石破天惊，这是人们第一次完全依靠CG创造活灵活现的动物，它产生的影响延续至今。电影还咨询了以杰克·霍纳为首的几位古生物学家，作家唐·莱斯姆，古生物学家麦克·格林沃德（Mike Greenwalk）、雅克·高蒂耶和罗伯·朗（Rob Long）也参与其中。

《侏罗纪公园》中恐龙复原的精确程度已经到达了1993年的最高水平。在格雷格·保罗骨架复原的基础上

（其中不少出现在电影中），电影中出现了活跃的拥有水平脊柱的恐龙（尽管为了符合故事需要做出了一些小的修改）。双脊龙的造型变化最大，在电影中是一种带有直立颈部领圈、喷射毒液的小型动物。被标注为伶盗龙的动物事实上并不是大号的伶盗龙，而是以恐爪龙为基础设计的。和克莱顿的小说一样，电影也采用了格雷格的主张，即恐爪龙是伶盗龙属的一个物种。斯皮尔伯格和他的团队依然选择在恐龙身上加上鳞片。鉴于当时还没有发现带有羽毛的驰龙类化石，这种设计还算合理。无论是 CG 渲染羽毛还是在模型上加羽毛，成本都非常高。不过，也有人认为这样的项目应该敢为人先地给恐龙加上羽毛。

《侏罗纪公园》在 1993 年 6 月上映后获得了巨大成功，首轮放映中票房就超过了 9.14 亿美元，成为电影史上票房最高的电影，这项纪录直到 1997 年才被《泰坦尼克号》打破。当然后面跟拍了续集，1997 年的《侏罗纪公园：失落的世界》和 2001 年的《侏罗纪公园 3》，但反响不如第一部。2015 年重启的系列电影《侏罗纪世界》大获成功。《侏罗纪世界》和《侏罗纪公园》虽然是非常不同的电影，但动物的造型沿用了原来的设计。我认为这其实算是个遗憾，因为电影应该呈现 21 世纪而不是 20 世纪 90 年代初人们对恐龙形象的认识。但电影毕竟是艺术，制作人可以按照他们的想法来设计——至少我在批评电影和其中的生物复原时，别人总是这样告诉我的。

《侏罗纪公园》直到今天仍备受称赞是因为它激励了很多人投身于古生物学。它在西方电影史和数字特效史上也发挥了重要作用，2018 年它被美国国会图书馆列入美国国家电影保护名录。

J

另见词条：恐龙文艺复兴（Dinosaur Renaissance）；杰克·霍纳（Horner, Jack）；格雷格·保罗（Paul, Greg）。

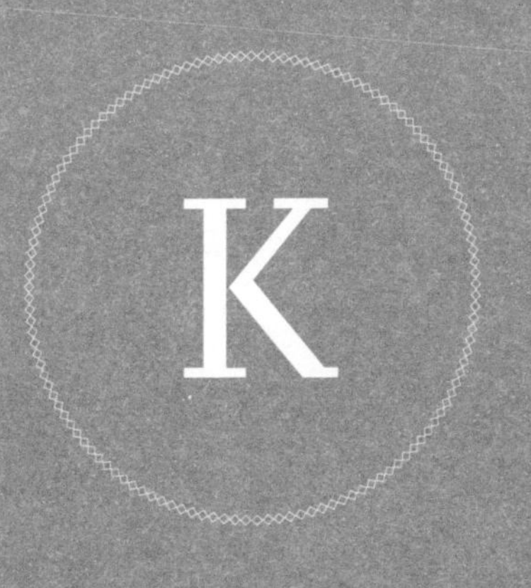
K

K

K-Pg Event

白垩纪 - 古近纪灭绝事件

地质历史中的几次大灭绝事件都不如发生在 6550 万年前白垩纪末期的白垩纪 - 古近纪灭绝事件知名。此次灭绝事件简称 K-P 或者 K-Pg 事件，“K-P” 和 “K-Pg” 是 “白垩纪和古近纪”（Cretaceous and Paleogene）的缩写。白垩纪在地质学上用字母 “K” 表示是因为字母 “C” 已经被寒武纪（5.41 亿年前至 4.85 亿年前）占用了。在 K-Pg 事件中，所有的非鸟类恐龙类群都消失了；翼龙和除龟类以外的海生爬行动物，以及大量海生无脊椎动物也消失了；鸟类、蜥蜴、哺乳动物和其他存活下来的类群数量也大大减少。一些研究认为当时可能超过 80% 的物种都消失了。但在大众眼中，这次灭绝事件依然是 “恐龙的灭绝”。

拜某些书籍和文章不分青红皂白的论述所赐，在很长时间内，K-Pg 事件都是模糊不清的。这些出版物认为恐龙灭绝的原因包括：哺乳动物吃掉了大量恐龙蛋，毛毛虫抢走了植食恐龙需要的树叶，恐龙就是要完蛋了，或者天气太热、太冷或四季太分明，等等。这些观点或许可以解释一两个类群的灭绝，但肯定无法解释大量灭绝的类群。学者们对灭绝的过程也有争议，一些人认为这是灾难性的突发事件，另一些则认为这更可能与渐进的气候和生态环境变化有关系。

无论如何，一些学者念念不忘要寻找“真正的原因”。20 世纪 70 年代，天文学和天体物理学的发现显示，可能是彗星或者超新星爆发导致了灭绝事件。1980 年，路易斯·阿尔瓦雷兹（Luis Alvarez）和瓦尔特·阿尔瓦雷兹（Walter Alvarez）、弗兰克·阿萨罗（Frank Asaro）和海伦·米切尔（Helen Michel）报道了白垩纪末期的沉积中发现高含量的铱元素，他们立刻意识到这与灭绝事件的关系。在地球上铱元素罕见，常常源于地外岩石，因此这成为地外原因造成灭绝事件的决定性证据。阿尔瓦雷斯的团队因此提出了所谓的“阿尔瓦雷斯假说”：一颗巨大的小行星撞击地球并解体，扬起的海量沙尘进入大气层阻挡了光合作用，导致整个食物网崩溃。

尽管这个假说显得很合理，但是当时没有找到陨石坑，然后能导致灭绝事件的巨型物体在撞击地球后必然会留下巨大的陨石坑。事实上，有一个尺寸和时间吻合的撞击坑已经在 20 世纪 60 年代被发现，只是消息局限在石

K

油行业的地球物理学家之间，不为外界所知。这就是位于墨西哥尤卡坦半岛的直径300千米的希克苏鲁伯陨石坑。1991年，艾伦·希德布兰德（Alan Hildebrnad）和同事将希克苏鲁伯陨石坑认定为K-Pg事件的确凿证据。那里晚白垩世混杂残缺的岩层、经过灼热高温的岩石颗粒、破损的石英碎片，以及其他证据都支持了他们的假说——6550万年前，尤卡坦地区发生了陨石撞击。

后续的研究证实了他们的结论。认为陨石坑年代不对、灭绝可能另有原因，或者K-Pg事件前恐龙和其他生物就已经式微的假说都被否认了。

6550万年前，一颗来自外太空、直径10 ~ 80千米的陨石撞击了地球，释放的能量超过1亿颗核弹释放的能量。冲击波、数百米高的潮水和野火紧随而至，撞击地的碳酸岩石汽化造成海量的二氧化碳释放。撞击坑周围无数的生物立刻死亡，在接下来的数十年中整个生态系统的崩溃是造成灭绝事件的主要原因。这是地球历史中一段神奇时光的悲剧性终结，这次事件的影响是如此巨大而广泛，以至于几乎不可想象它的规模和范围。

L

Liaoning Province

辽宁省

辽宁省是中国东北部的省份，产出了数以千计的带羽毛的非鸟类兽脚类恐龙和古鸟类化石，以及大量的翼龙、哺乳动物、两栖动物、无脊椎动物和其他生物化石，是目前世界上最引人入胜的重要中生代化石点之一。辽宁省有很多化石点，其中大部分都是小规模的矿场或者被农场包围的峭壁。

1996 年，一副完整的带羽毛的兽脚类恐龙化石让大众和学术界同时注意到辽宁省的化石宝库。这具化石属于中华龙鸟，是一种与德国的美颌龙关系接近的虚骨龙类。它浑身布满带有分支结构的毛发，后来证实这种毛发由和今天的羽毛一样的有机材料组成，后续研究发现其中还带有色素。1998 年，在辽宁省报道了另外两种与鸟类相似的带羽毛的兽脚类恐龙——尾羽龙和原始祖鸟化石；1999 年又报道了中国鸟龙化石；而有名的“四翼”小盗龙化石也于 2000 年在辽宁被发现。这些化石证实了约翰·奥斯特罗姆关于鸟类的恐龙起源假说是正确的，格雷格·保罗和其他人认为羽毛不仅局限在鸟类中的观点也是

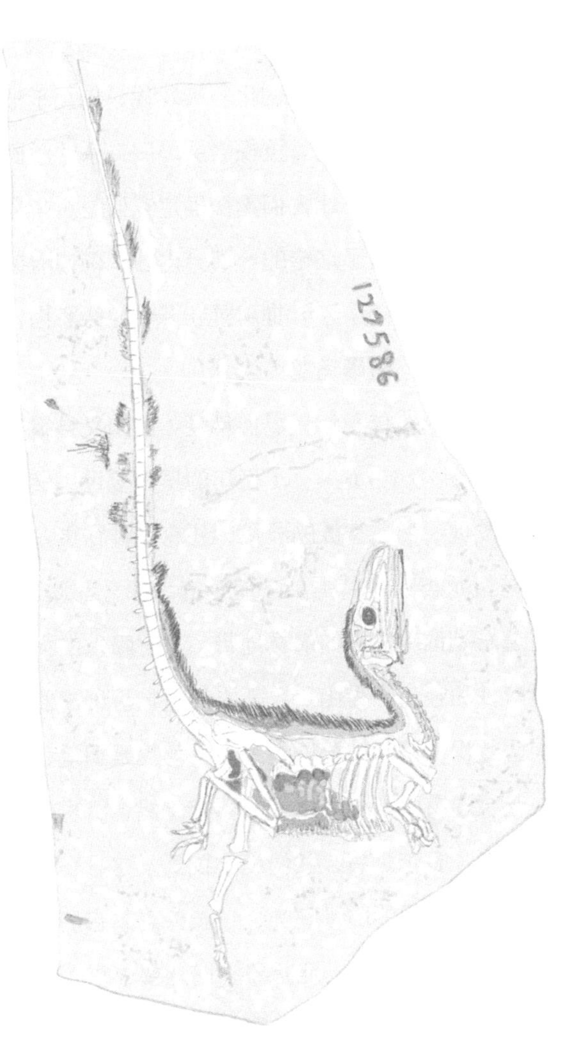

首个中华龙鸟标本

正确的。

多年来，辽宁省有海量的化石被发现，以至于报道要跟上发现的步伐都很困难。沉积岩层之间关系的不确定导致了化石年龄的混乱，让人们无法确定它们是否来自同一年代。今天我们知道了辽宁的一部分化石，例如髫髻山组的化石，来自大约 1.6 亿年前，相当于中晚侏罗世，其中包括了令人惊叹的擅攀鸟龙类。

辽宁的另一些化石年代更加年轻（例如义县组和九佛堂组），属于距今 1.3 亿 ~ 1.1 亿年的早白垩世。义县组和九佛堂组发现了暴龙家族的成员，还有多种窃蛋龙类、驰龙类、伤齿龙类和古鸟类。它们中的大部分都体形娇小，生活在遍布湖泊和火山的森林地带。不时喷发的火山带来了有毒气体和致密的火山灰，死去的动物被细密的沉积物覆盖，因此保留下一部分软组织。不仅仅是羽毛、毛发和皮肤，甚至还有眼球和肺之类的器官（偶尔）也保存了下来。在期待了多年之后，我们终于找到了这些小型的、带羽毛的、类似鸟类的虚骨龙类，在长久想象它们的存在之后，我们现在发现的化石比想象中的还要丰富。

关于辽宁的化石还有一件事值得提起。尽管当地侏罗纪和白垩纪的带羽毛的恐龙化石是最近发现的，但那些化石点本身历史悠久。事实上，早在 20 世纪 20 年代在辽宁就已经发现了白垩纪化石，其中包括节肢动物化石和鱼类化石。我们无法预测如果在早些时候就发现了带羽毛的恐龙化石，历史走向会有什么不同，但想象这样的场景还是非常有趣的。

另见词条：鸟类（Birds）；手盗龙类（Maniraptorans）；擅攀鸟龙类（Scansoriopterygids）；暴龙超科（Tyrannosauroids）。

L

Macronarians

大鼻龙类

M

大鼻龙类是包括腕龙类和巨龙类及其近亲的蜥脚类演化支。20 世纪 90 年代以前，一般认为比较进步的蜥脚类恐龙，也就是新蜥脚类，可以分成两大类群。其中一类包括拥有纤细牙齿、吻部较浅的梁龙类和巨龙类，另一类则是拥有勺状牙齿、吻部较深的圆顶龙类和腕龙类。直到 1995 年左右，这个由维纳·詹尼斯（Werner Janensch）在 20 世纪 20 年代提出的假说才开始分崩离析。当时，阿根廷的豪尔赫·卡沃尔（Jorge Calvo）和莱昂纳多·萨尔加多（Leonardo Salgado）指出相比梁龙类，巨龙类与圆顶龙类和腕龙类的关系更接近。1998 年，当杰夫·威尔逊和保罗·塞利诺发表了他们关于蜥脚类系统发育的标志性研究论文之后，人们才发现之前的工作忽略了一个重要的蜥脚类演化支，其主要特征之一就是带有巨大的鼻腔开孔。

威尔逊和塞利诺将这个演化支命名为“大鼻龙类”。后续的多项研究都支持了大鼻龙类的存在。来自晚侏罗世的圆顶龙（*Camarasaurus*）是最原始的大鼻龙类，不过被排除在包括了腕龙类和巨龙类的巨龙形态类之外。来自东

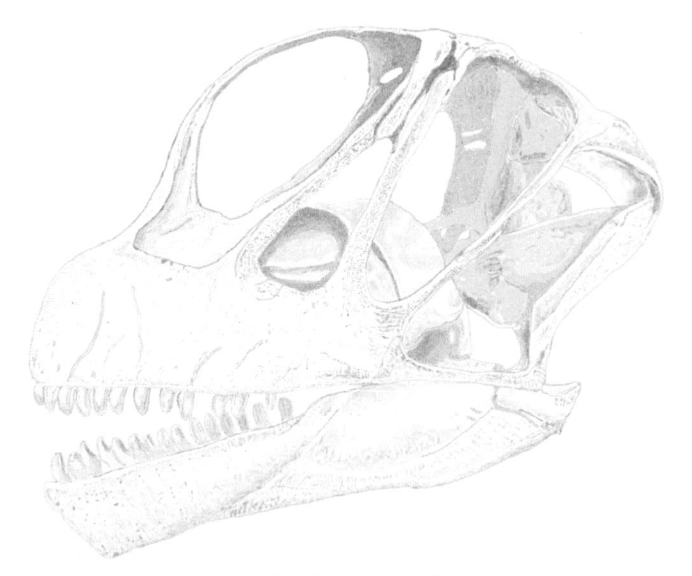

大鼻龙类圆顶龙的头骨

亚地区拥有长脖子的盘足龙类属于巨龙形态类，一些之前被认为属于腕龙类的物种现在则被视为与巨龙类更接近的动物，例如来自美国俄克拉何马州早白垩世的波塞冬龙（*Sauroposeidon*）。

相比其他蜥脚类，大鼻龙类拥有更加苗条的前肢、更长的前爪、粗壮的躯干以及更短的尾部，其中比较原始的演化支（例如腕龙类和盘足龙类）似乎发生特化，更善于在高处取食。然而，类群中也有小型化的例子，巨龙类还演化出了其他蜥脚类中都没有的特征，包括皮肤上的骨板和异常强壮的四肢。一个尚待解答的问题是，为什么大鼻龙类演化出了如此巨大的鼻子（大鼻子正是它们名字的由来）。目前相关研究还很少，但一种可能的猜测是，鼻腔中包含丰富的血管，可排出多余的热量，这对生活在低纬度热带地区的恐龙有好处。制造声音或者回收水汽也可能是这种大鼻子的作用。

另见词条：腕龙类（Brachiosaurids）；泰坦龙类（Titanosaurs）。

Maniraptorans

手盗龙类

如果将“成功”定义为物种数量和生态多样性，那么手盗龙类就是延续至今的最成功的兽脚类演化支。系统发育学家雅克·高蒂耶在其1986年出版的经典恐龙演化研究著作中提出了“手盗龙类”这个命名。

在20世纪80年代中期以前，手盗龙类的几个演化支被认为是从虚骨龙类中独立起源的“中心类群”，它们衍生出了包括似鸟龙类在内的若干兽脚类。高蒂耶发现，窃蛋龙类、驰龙类和伤齿龙类都拥有与鸟类类似的延长的前肢和缩短的尾部，这可能暗示着存在一个之前被忽视的演化支。它们都拥有半月形腕骨，因此前肢可以像鸟类折叠和伸展翅膀那样运动。在一些长有巨大爪子的捕食性恐龙中，也能见到半月形腕骨。鸟类飞行时扇动翅膀的动作似乎起源于捕食时的抓取行为，高蒂耶选择

一只伤齿龙（左）和一只窃蛋龙（右）

的“手盗龙类”这个名字也反映了这一点。新发现的化石和后续研究将阿尔瓦雷兹龙类和镰刀龙类也归入了手盗龙类。

手盗龙类过去和现在的生活环境及生活方式都多种多样。最早的演化支可能与乌鸦或者家鸡大小类似，在演化历史早期它们可能较为泛化，缺乏对某种生活方式的特化。但很快就出现了特化。阿尔瓦雷兹龙类的前肢变得尤其古怪，镰刀龙类和窃蛋龙类成了奇特的杂食或者植食动物，伤齿龙类则成为长腿的捕食者，可能偶尔也会杂食。鸟类演化出了极高的多样性。当我们把这些变化和演化树放在一起的时候，就会发现手盗龙类的祖先是植食性的，也就是说包括伶盗龙在内的驰龙类是从植食性演化到肉食性的。

手盗龙类的体形分化也非常大，其典型的物种大小接近火鸡，还有一些和人类相当，但镰刀龙和窃蛋龙中的一些物种则演化成了体重几吨的巨兽。体重超过 200 千克的大型驰龙类和鸟类也出现过，而最小的恐龙也属于鸟类。

来自中国特别是辽宁省的化石证实了非鸟类的手盗龙类也像鸟类那样带有羽毛。

另见词条： 阿尔瓦雷兹龙类（Alvarezsaurs）；虚骨龙类（Coelurosaurs）；似鸟龙类（Ornithomimosaurs）；窃蛋龙类（Oviraptorosaurs）；擅攀鸟龙类（Scansoriopterygids）；镰刀龙类（Therizinosaurs）。

Marginocephalians

头饰龙类

头饰龙类是头部后缘具有骨质凸起的鸟臀类恐龙支系。

头饰龙类可以分为两个主要支系——肿头龙类和角龙类。它们头骨特化成武器或者展示工具的演化趋势非常明显，但两个类群显然采取了不同的演化策略。头饰龙类大多拥有一个窄窄的喙，一些早期物种在上下颌的前端还拥有尖利的牙齿，牙齿可能用于攻击、觅食或展示。

“典型的”肿头龙类与角龙类外观上大相径庭。肿头龙类头部是一个圆顶，双足行走，前肢短小；而角龙类则是像犀牛一样带有角和骨质颈盾的四足动物。因为这些区别，一开始人们对这两个类群的关系并不明确，直到发现特化程度较低的一些恐龙，特别是来自东亚早白垩世、双足行走的角龙类鹦鹉嘴龙（*Psittacosaurus*）也是它们演化历史的一部分时，才意识到它们是近亲。20 世纪 80 年代发表的几项研究几乎同时“发现”了头饰龙类，但只有保罗·塞利诺给这个类群正式命名。研究发现，头饰龙类和鸟脚类拥有共同祖先。化石证据显示，鸟脚类最早可以追溯到中侏罗世，因此有可能发现来自中侏罗世的头饰龙类。但目前证据非常稀少，当下发现得最早的头饰龙是来自晚侏罗世的角龙类。

一个长期悬而未决的问题在此值得一提，那就是畸齿龙类备受争议的分类地位。它们在一些方面和头饰龙类相似，甚至可能是这个演化支的早期成员，但也有可能不是，目前还没有统一意见。

另见词条：角龙类（Ceratopsians）；畸齿龙类（Heterodontosaurids）；肿头龙类（Pachycephalosaurs）。

Megalosauroids

斑龙超科

班龙超科的绝大多数成员属于生活在侏罗纪的坚尾龙类演化支，其名字来源于在英国中侏罗世地层发现的斑龙。斑龙大多数分布在欧洲和北美洲，是第一种被命名和科学描述的非鸟类恐龙，它的化石（不完整的下颌、一部分腰带、一些脊椎骨和肢骨）起初被当成了一种巨型蜥蜴的遗骸。

这些化石在 18 世纪晚期发现于英国牛津郡斯通菲尔德地区的板岩（如今被视为泰顿石灰岩组的一部分）中，直到 1824 年才被威廉·巴克兰（William Buckland）科学地描述和正式命名。巴克兰这样做的原因可能是他听说另一种巨大的爬行动物化石即将被公诸于世，也就是 1825 年被命名的禽龙的化石。斑龙被率先报道，这一事件在恐龙研究史中引发的一个结果就是，之后在欧洲、北美洲、非洲、亚洲还有澳大拉西亚发现的很多兽脚类化石都被归入斑龙属，导致了斑龙属的地域分布和生存年代被扩大并有失准确。直到20世纪80年代这些问题才被重新审视，很多“斑龙属物种”事实上都属于兽脚类演化树中的其他部分。

M

今天，斑龙是斑龙超科中的一个属种，其中主要是体长 4 ~ 10 米的大中型捕食者。它们都拥有长长的吻部，类似矩形的头骨、侧向扁平并带有锯齿的牙齿、短小但是肌肉发达的前肢，且第一、第二爪巨大并强烈弯曲。有一些证据显示斑龙超科躯干较长而后肢较短，在脊椎和头骨的结构上不像它们的近亲异特龙超科那么接近鸟类。

事实上，我到目前为止都刻意避免使用“斑龙”（megalosaur）一词[1]，因为它指代了三个不同的恐龙类群。“斑龙”可以指斑龙科（Megalosauridae），其中包括了斑龙属及其近亲。此外，来自莫里森组及葡萄牙和德国晚侏罗世的蛮龙属（*Torvosaurus*）也是斑龙科成员，来自英国牛津黏土组地层的真扭椎龙属（*Eustreptospondylus*）、非洲猎龙类 [名字来源于尼日尔的非洲猎龙（*Afrovenator*）] 同样属于斑龙科。“斑龙”也可以指斑龙类（Megalosauria），其中包括了斑龙科和皮亚尼兹基龙科（Piatnitzkysauridae，仅在南美洲发现）。最后，“斑龙”还可以指代范围更大的斑龙超科（Megalosauroidea）物种。大多数研究认为棘龙类和斑龙类关系接近，斑龙超科是包括了棘龙科和斑龙类

1　此处不是斑龙属，首字母小写非斜体常泛指类群中所有生物。

斑龙类的蛮龙

M

的演化支。因此，为避免混淆，我在指代斑龙科成员时会使用“斑龙科物种”（megalosaurid），在专指斑龙超科成员时会使用“斑龙超科物种”（megalosauroid）。我并不需要使用“斑龙类物种”（megalosaurian）一词。

其实，现在很难描述这些恐龙之间的演化关系，因为它们在演化树上的位置始终在变动。2019 年关于阿根廷中侏罗世的阿斯法托猎龙（*Asfaltovenator*）的研究显示，它同时具有斑龙超科和异特龙超科的特征，因此有人提出斑龙超科可能并不是一个演化支，斑龙科和皮亚尼兹基龙科可能更接近异特龙超科而不是棘龙科。我们期待更深入的研究。

还有一件值得讨论的事是棘龙科的起源问题。如果棘龙科真的属于斑龙超科，那么它们应该起源于类似斑龙科成员的祖先。一些观点认为，真扭椎龙属可能与棘龙起源相关，因为它的化石是在海相地层中发现的，而且其头部显得长而扁，符合一般认知中的“原始棘龙”形象。看过 1999 年电视剧《与恐龙同行》(*Walking With Dinosaurs*) 的观众可能还记得，真扭椎龙属在剧中被塑造成穿梭在岛屿间的沙滩觅食者，其形象恰恰是衍生出吻部的类似鳄鱼的棘龙的样子。但也有相反的证据显示，真扭椎龙的演化地位属处于斑龙科内部，因此可能和棘龙起源无关。到目前为止，棘龙的起源依旧神秘莫测。

另见词条： 异特龙类（Allosauroids）；棘龙类（Spinosaurids）；坚尾龙类（Tetanurans）。

Megaraptorans

大盗龙类

大盗龙类是备受争议的坚尾龙类演化支，主要包括来自白垩纪冈瓦纳古陆的中等体形（体长 4 ~ 9 米）物种，该类群的动物前肢长有巨大指爪。

科学界最初认识的大盗龙类，是 1998 年费尔南多·诺瓦斯描述的阿根廷晚白垩世的大盗龙（*Megaraptor*）。一开始，人们只发现了一个巨大而弯曲的长约 30 厘米的爪子，当时认为可能是一种大型驰龙类的镰刀状后爪。后续的发现显示，这是一种类似异特龙类的拥有长长前肢的兽脚类恐龙的指爪。直到今天，人们发现的大盗龙类的骨架也很有限，仅有的来自日本和阿根廷的化石显示，它们拥有较长的吻部、扁扁的脑袋、比较小的牙齿、高度气腔化的骨架、带球窝关节的灵活的颈部，以及表明其善于奔跑的细长后肢。

2016 年之后报道了若干新的大盗龙类，包括阿根

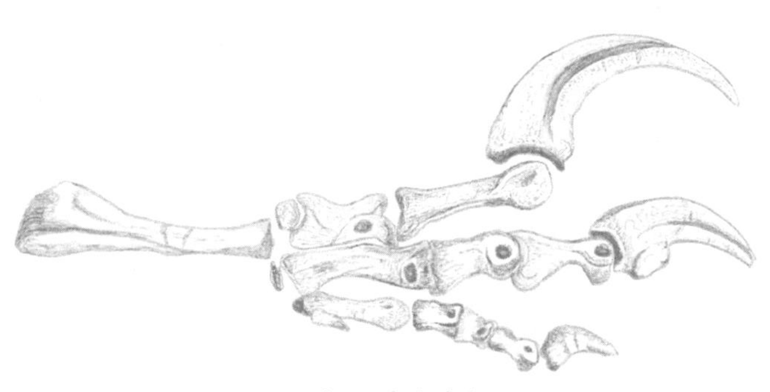

大盗龙的部分前肢

廷的南盗龙（*Aoniraptor*）、岩壁盗龙（*Murusraptor*）和特拉塔尼亚龙（*Tratayenia*）。同时，另外一些来自阿根廷的兽脚类恐龙（最初被置于坚尾龙类演化树的其他位置）也可能属于大盗龙类，例如气腔龙（*Aerosteon*）和齿河盗龙（*Orkoraptor*）。来自澳大利亚的南方猎龙（*Australovenator*）可能也属于大盗龙类。大盗龙类是否在劳亚古陆也有分布呢？一些人认为来自英国韦尔登地区的始暴龙（*Eotyrannus*）有可能是一种大盗龙类。但这并不正确，因为他们的研究使用了始暴龙事实上并不具备的解剖学特征。

无论如何，大盗龙类的分布显示它们可能在侏罗纪起源于东亚地区，因为日本的福井盗龙是最原始的大盗龙类成员，不属于包括了大多数物种的大盗龙科。

关于大盗龙类的争议同样也影响了它们在演化树上的位置。在 2010 年的一项研究中，罗杰·本森和同事发现大盗龙类属于异特龙超科，具体来说是鲨齿龙类中新猎龙科的一部分。这是一个令人振奋的观点，因为这意味着异特龙超科曾经遍布世界而且延续到了白垩纪晚期。然而，后续研究很快发现了问题，来自南美洲的化石让一些学者认为大盗龙类属于虚骨龙类，甚至有可能是暴龙超科的成员。在本书写作时，这种想法似乎更合理。这同样也是一个有趣的观点，因为它意味着白垩纪的暴龙超科在北美洲的大型暴龙之外还包括了来自冈瓦纳古陆中等体形的带有大型指爪的物种。这些观点引起争议的主要原因是影响大盗龙类分类地位的解剖特征比较分散，并不为某个坚尾龙类的演化支特有。

目前，我们对大盗龙类的生物学特征和行为知之甚少。它们显然是捕食者，应该会使用巨大的指爪来固定和杀伤猎物。

另见词条： 异特龙类（Allosauroids）；鲨齿龙类（Carcharodontosaurs）；暴龙超科（Tyrannosauroids）。

Morrison Formation

莫里森组

莫里森组是形成于晚侏罗世的知名沉积岩层，横贯美国西部内陆。莫里森组主要分布在科罗拉多州和怀俄明州，其中产出了海量的标志性恐龙化石。

莫里森组囊括了很长时间的沉积历史，南及新墨西哥州，北达加拿大，面积大约有 150 万平方千米，但仅在地表暴露了极少一部分。莫里森组的沉积由砂岩、泥岩、粉砂岩和石灰岩构成，形成于 1.56 亿 ~ 1.47 亿年前，相当于晚侏罗世的启莫里期到提通期。“莫里森组”一名来源于科罗拉多州的莫里森地区，1877 年地质学家阿瑟·雷克斯（Arthur Lakes）在该地发现了侏罗纪的化石。

莫里森组常见的恐龙化石包括角鼻龙、异特龙、蜥脚类的圆顶龙、腕龙、梁龙和雷龙，还有鸟臀类的剑龙和弯龙（*Camptosaurus*）。大部分化石在 1877—1903 年被称为“骨头大战”的激烈竞争年代中被发掘。莫里森组还产出了大量小型兽脚类和鸟臀类化石，以及翼龙、蜥蜴、龟和哺乳类化石。这些恐龙及其生境共同组成了中生代最复杂也最为人熟知的生态系统。

这样说可能引起误解，因为莫里森组的沉积岩不只保存了一个生态系统，它保存了在漫长时间中不断变化的多个生态系统：那些地区可能与季节性干旱的公园环境一样，也可能充满了沼泽、湖泊和湿地；可能是茂密的树林，还有可能是沙漠和丘陵。很难找到遍布整个莫里森组的某种恐龙化石，它们大多局限在特定的生态环境或者地区之内。

事实上，对莫里森组恐龙生境的重建与我们对恐龙形象的复原息息相关。19 世纪至 20 世纪 70 年代，人们都认为莫里森组的环境是长期湿润、遍布植被、散布着湖泊和河流的广袤平原。因此莫里森组的蜥脚类恐龙（可能也包括所有蜥脚类）被认为是两栖或者水生生活的恐龙。这种水生蜥脚类的理论又反过来促使人们将莫里森组的环境重建为以湿地为主的环境。

20 世纪 70 年代，这种理论开始受到质疑。对莫里森组沉积岩和化石的研究显示，它们是在干旱的冲积平原上形成的。这重构了蜥脚类恐龙生物学理论。事实上，环境与恐龙的生物学特征密不可分，罗伯特·巴克和其他恐龙学者积极参与了这些研究。从那之后，关于莫里森组生物群、植被、生态环境、沉积环境、埋藏学和地质年代的研究层出不穷。

要深入了解莫里森组和其中的化石，可以查阅约翰·福斯特的著作《西部侏罗纪：莫里森组的恐龙和它们的世界》（*Jurassic West: The Dinosaurs of the Morrison Formation and Their World*）。

另见词条：雷龙（*Brontosaurus*）；罗伯特·巴克（Bakker, Robert）；骨头大战（Bone Wars）；蜥脚类（Sauropods）。

Nanotyrannus

矮暴龙

矮暴龙这个名字属于一种小型暴龙，它们起初被认为和霸王龙共同生存，但现在大多数人认为它们是霸王龙的一个特定生长阶段。在本书中收录“矮暴龙”一词可能并不明智，因为这会使人们误认为矮暴龙真实存在，虽然这个问题确实值得辩论。

1946 年，查尔斯·吉尔莫（Charles Gilmore）在描述一个来自蒙大拿州地狱溪组的头骨时将其命名为矮暴龙。吉尔莫认为它是蛇发女怪龙属（*Gorgosaurus*）的一个新物种，将其命名为兰斯蛇发女怪龙（*G. lancensis*）。它的头骨仅长 57 厘米（当时认为属于成年个体），因此与其他暴龙类相比确实矮小。然而，这当中的意义在当时完全被忽略了……到了 1988 年，罗伯特·巴克和同事提出，这具标本并不属于蛇发女怪龙属，而属于一种全新的小型暴龙类，他们将它命名为矮暴龙。显然，“克利夫兰暴龙”（*Clevelanotyrannus*）这个名字当时也曾纳入考虑。巴克和同事认为矮暴龙和霸王龙在很多特征上非常相似，但还是有差异，事实上，它非常独特，因此它一定属于一个在暴

N

龙演化历史早期就分化的支系。

巴克等人的论文发表之后，学者们没有立即认同矮暴龙的存在。戴维·威沙姆佩尔、彼得·道得森及哈兹卡·奥斯莫尔斯卡在1990年出版的《恐龙》（*The Dinosauria*，恐龙研究的必备参考书籍）中提出，矮暴龙其实是小号的霸王龙，体长大约5.2米。在1992年的一篇论文中，肯·卡朋特（Ken Carpenter）指出，用于认定矮暴龙是成年个体的特征并不明晰，因此它可能是未成年的霸王龙。1999年托马斯·卡尔（Thomas Carr）的研究也支持了这个理论。卡尔提出，矮暴龙的头骨明显属于霸

矮暴龙头骨

王龙幼年个体。所有用于区分它与霸王龙的特征要么用错了，要么就处于霸王龙的变异范围内。它并不是一个可以从演化上独立的矮小暴龙类，而是未成年的霸王龙。

矮暴龙是霸王龙未成年个体的论调甚至比它是独立物种的观点更加有趣，因为这暗示了霸王龙生长过程中在解剖学、食性和生活方式上都经历了剧变，未成年个体和成年个体占据着不同的生态位。古生物学界基本接受了卡尔的观点，近年发表的一些专业论文也支持这些观点。2001 年发现了一具昵称为“简”的幼年霸王龙，形态特征恰好介于最早的矮暴龙和无可争议的霸王龙之间。2020 年的一项骨骼内部结构研究也显示矮暴龙是霸王龙尚未成熟的幼体。

尽管卡尔的观点被广泛接受（他的工作特别详尽），但还有一小部分人认为矮暴龙是独立物种。其中彼得·拉森（Peter Larson，因为发掘霸王龙“苏”的化石而闻名）的观点影响最大，他认为矮暴龙的前肢比霸王龙的要长很多，头骨的细节也显示了其独立地位。进一步看，小型的霸王龙牙齿化石（和矮暴龙牙齿大小相仿但形态上更像成年霸王龙的子弹形牙齿）显示霸王龙的幼体和矮暴龙也不一样。这些论点都很容易反驳：矮暴龙较长的前肢显然是一个幼体特征，头骨的形态也没有超过霸王龙的变异范围。至于那些牙齿，怎么能确定它们一定来自霸王龙呢？它们也有可能来自比矮暴龙更加成熟但体形相仿的个体。

最早的矮暴龙标本，大部分的确与霸王龙不同，但考虑到它们尚未成熟，它们应当可以长到霸王龙那样的体形，我们认为它不应该属于一个小型化的种类。尽管前面说了这么多，但大量的证据都显示这些动物实际上就是未成年的霸王龙个体，这也是我们应该采纳的结论。

另见词条：罗伯特·巴克（Bakker, Robert）；苏（Sue）；霸王龙（*Tyrannosaurus rex*）。

O

Ornithischians

鸟臀类

鸟臀类意为“长有鸟类臀部的恐龙”，是包括装甲龙类、鸟脚类和头饰龙类在内的主要恐龙演化支。哈里·西利（Harry Seeley）在1888年提出，恐龙可以根据骨盆形态的不同分成两大类，从而创造了鸟臀类这个词。其中一个大类的耻骨朝前下方，因为这种构造类似蜥蜴（事实上这是爬行动物甚至脊椎动物的普遍形态），因此被称为“蜥臀类”，意为“蜥蜴形态的骨盆”。而另一类的耻骨虽然有一个向前的凸起，但耻骨大部指向后方与坐骨平行。因为鸟类也拥有类似构造，所以西利将拥有“鸟类形态的骨盆”的恐龙称作“鸟臀类”。

西利还注意到，蜥臀类恐龙的骨骼具有气腔结构，而鸟臀类恐龙的没有。他认为这两大类群之间没有紧密关系，这便是“恐龙并不是一个演化支”观点的起源，之后很长时间内，它都是一种主流观点。西利的分类方法曾一度非常流行，你甚至可能听说过这是19世纪唯一的恐龙分类方法，但这并不是事实。无论如何，西利认为恐龙不是一个演化支的观点最终被推翻了，因为蜥臀类和鸟臀类

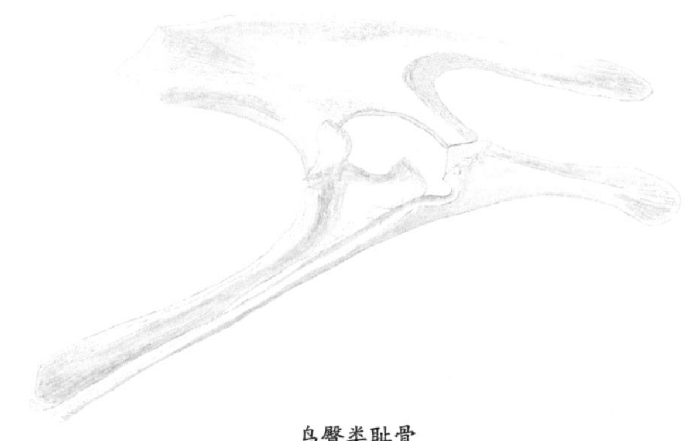

鸟臀类耻骨

拥有其他爬行动物不具有的共同特征。

由于鸟臀类主要类群的身体构造区别很大，人们在19世纪晚期就确立了它至少包含四个主要类群的观点。但它们之间的关系模糊不清，20世纪80年代之前，人们普遍认为鸟脚龙类甲龙类、剑龙类和角龙类衍生的基础形态。20世纪80年代的一些研究开始揭示鸟臀类恐龙的演化关系，其中以1986年保罗·塞利诺的研究为代表。塞利诺提出装甲龙类缺乏将鸟脚类和头饰龙类聚类的特征。他将鸟脚类和头饰龙类构成的演化支称为“角足龙类”，这是更大的新鸟臀类分支的一部分。

在鸟臀类的演化中，出现了几个主要的趋势。它们从小型两足行走的祖先形态演化出高度复杂的牙齿、下颌、咀嚼机制以及更大的体形。它们四足行走和笨重的身体比例至少演化了三次（分别出现在装甲龙类、禽龙类鸟脚类和角龙类中），头骨的显著变化在禽龙类和头饰龙类中都有出现。但同时，轻盈且善于奔跑的小型种类也一直延续到了白垩纪末期。

另见词条：头饰龙类（Marginocephalians）；鸟脚类（Ornithopods）；鸟腿龙类（Ornithoscelida）；蜥臀类（Saurischians）；装甲龙类（Thyreophorans）。

Ornithomimosaurs

似鸟龙类

似鸟龙类有时被称作“似鸵鸟龙”或者“鸵鸟恐龙”，是主要生活在白垩纪东亚和北美洲的虚骨龙类演化支。似鸟龙类的特征是拥有纤细修长的后腿，外形类似鸵鸟，大部分成员下颌没有牙齿。鉴于似鸟龙类比鸵鸟要早出现数千万年这一事实，说它们类似鸵鸟听起来有些讽刺，倒不如说鸵鸟类似似鸟龙类。但历史就是这样，这种说法就这么被沿用下来了。

最早被发现的似鸟龙类是奥塞内尔·马什在美国科罗拉多州晚白垩世的岩层中发现的似鸟龙（*Ornithomimus*）。之后发现的似鸟龙类还有来自北美的似鸵鸟龙（*Struthiomimus*）和似鸸鹋龙（*Dromiceiomimus*），以及亚洲的似鸡龙（*Gallimimus*）和中国似鸟龙（*Sinornithomimus*）。从它们的后肢可以明显看出，它们善于奔跑，靠速度躲避捕食者。它们长长的跖骨（踝关节和爪趾之间的骨骼）融合在一起形成了所谓的并跖骨状态。关联的化石标本显示，至少一些物种具有社会性。它们下颌的形态、平直的爪子，以及胃石的存在都暗示它们大多吃素，偶尔也吃小型动物。上述提到的物种都极其相似，主要的不同来自前爪的骨骼比例和体形上的一些区别。似鸡龙体形较大，臀高大约 2 米，体长可以超过 8 米，其他物种一般体长 3 ~ 4 米。以上所有提及的似鸟龙类都属于似鸟龙科。

20 世纪 70 年代，许多非似鸟龙科的似鸟龙类被命名，但它们都缺乏并跖骨的特征。其中一些具有牙齿，数量从几颗到 220 颗［来自西班牙早白垩世的似鹈鹕龙（*Pelecanimimus*）］不等。这些非似鸟龙科成员中最著名的当数来自晚白垩世蒙古国，体形巨大的恐手龙

（*Deinocheirus*）。它在 1972 年被命名，当时只发现了它长度达到 2.4 米的前肢，以及一些肩带、肋骨和碎片。在很长时间内，它都是一个谜，人们猜测它可能是类似斑龙的动物或者是拥有长长上臂的超级捕食者。但其实约翰·奥斯特罗姆 1972 年就注意到它与似鸟龙类的相似性。到了 20 世纪 80 年代，将其归入似鸟龙类已成为主流观点。恐手龙是一种比想象中还要奇特的似鸟龙类的主张最终在 2013 年得到证实。它拥有一个长约 1 米、没有牙齿但带有勺状喙的头部，有背帆，后肢粗壮，长约 12 米，体重超过 6.6 吨。在它胃里发现的 1400 多颗胃石证实它大部分时间是素食者，但胃里残留的鱼化石显示它具有一定的杂食性。现在恐手龙和另外几种相似的较小的恐龙［如中

恐手龙类（左）和似鸟龙类（右）

国的鹤形龙（*Hexing*）和北山龙（*Beishanlong*）] 被合称为“恐手龙科”。在墨西哥，人们还发现了可能属于恐手龙科的怪诞龙（*Paraxenisaurus*）。

似鸟龙类和其他虚骨龙类的关系并不清晰。根据定义，它们不属于手盗龙类，大多数研究者认为相比暴龙超科，似鸟龙类与手盗龙类的关系更为密切。另外一些观点认为似鸟龙类和暴龙超科构成一个支系，或者似鸟龙类、镰刀龙类和阿尔瓦雷兹龙类构成一个支系。

在本书写作时，似鸟龙类的化石记录都来自白垩纪，虽然它们必定是起源于中侏罗世的。之所以这么说，是因为虚骨龙类的其他类群都在中侏罗世有化石发现。来自早白垩世南非的娇小的恩奎巴龙（*Nqwebasaurus*，大约 1 米长）可能是一种似鸟龙，也是目前发现的最古老的似鸟龙物种。

加拿大特异保存的化石证实了似鸟龙科的成员带有羽毛，除了身体下方和后肢末端，几乎浑身都是毛茸茸的。上臂甚至前爪可能带有竖立的毛发或细丝。巨大的恐手龙是否也一样浑身毛茸茸，还是羽毛更稀疏？我们目前还不得而知。

另见词条： 虚骨龙类（Coelurosaurs）；手盗龙类（Maniraptorans）；兽脚类（Theropods）。

Ornithopods

鸟脚类

鸟脚类是一个庞大的鸟臀类支系，包括小型的双足行走的棱齿龙（*Hypsilophodon*）和大型的四足行走的禽龙类，以及其他鸭嘴龙类。总体来说，鸟脚类拥有灵活的颈部和轻量化的前肢，是植食性恐龙。它们使用带有喙的上下颌来切割植物，然后用复杂的牙齿进一步研磨。

尽管名字“鸟脚类”暗示了它们长有类似鸟类的脚爪，但鸟脚类恐龙与鸟类的脚爪只是表面上相似而已：它们的脚爪比鸟类的更加粗壮且宽阔，第一跖骨膨大；保留了第一趾的物种，其第一跖骨与爪踝接触。在禽龙类中，第一趾骨和第一跖骨缩小消失。事实上，兽脚类更加适合“鸟脚类”这个名字，毕竟其中包括了鸟类本身，但我们只能无奈地囿于延续下来的历史，打破传统有时并不明智。

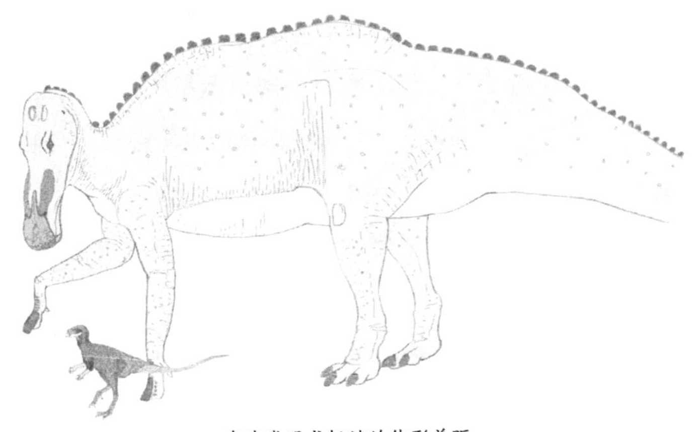

鸟脚类恐龙极端的体形差距

鸟脚类的含义在过去数十年中经历了巨大变迁。在20世纪80年代的恐龙演化研究涌现之前，这个词就用来形容除了装甲龙类和角龙类之外的所有鸟臀类恐龙了。80—90年代，一些学者认为角龙类也应该纳入鸟脚类，还提出它们可能源于一些类似棱齿龙的动物。

但从1986年开始（保罗·塞利诺同年发表了关于鸟臀类系统发育的标志性研究），这个类群的含义变得清晰起来。“鸟脚类”的现代含义指代了所有与禽龙类或鸭嘴龙类关系更近而与三角龙关系更远的演化支。很多双足行走、类似棱齿龙的动物，包括传统意义上的“棱齿龙类”都属于修订后的“鸟脚类”，但有趣的是，棱齿龙属本身可能不在其中。事实上，一些研究发现若干所谓的“棱齿龙”类群（例如中国白垩纪的热河龙类，北美洲白垩纪的帕克龙、奇异龙和奔山龙）都属于鸟脚类范围之外。但南半球的薄片龙类、凹齿龙类，当然还有“核心”的禽龙类（包括禽龙和鸭嘴龙类的演化支）都属于鸟脚类。

鸟脚类的演化趋势包括体形增大、牙齿数量增加，以及处理坚韧植物的能力增强。鸭嘴龙类是体形最大的鸟脚类，也拥有数量最多、形态最复杂的牙齿和最大最复杂的喙。然而，一些鸟脚类支系显得很保守，在演化历史中可能只发生了极少的改变。凹齿龙类可能是其中之一，它们可能在大约 1 亿年的时间中都没有变化。

禽龙类具有社会性行为的证据非常充足。它们应该是群居动物，也会一起筑巢、育幼。但其他鸟脚类是否有社会性行为尚不清楚。有证据显示，薄片龙存在育幼和群居行为，一些小型的“棱齿龙类”似乎会以小群生活。

另见词条： 鸭嘴龙类（Hadrosaurs）；畸齿龙类（Heterodontosaurids）；禽龙（*Iguanodon*）；头饰龙类（Marginocephalians）；鸟臀类（Ornithischians）；凹齿龙形态类（Rhabdodontomorphs）。

Ornithoscelida

鸟腿龙类

鸟腿龙类是假设的由鸟臀类和兽脚类构成的演化支。认为恐龙应该分为蜥臀类和鸟臀类的假说在2017年受到了一次严峻的挑战，三位英国古生物学家——马修·巴伦（Matthew Baron）、戴维·诺曼和保罗·巴雷特（Paul Barrett）在学术期刊《自然》上提出了一种不同的模型。根据来自世界各地的早期恐龙化石解剖学数据，他们认为传统的演化树是错误的，兽脚类和鸟臀类应该合并在一个演化支，其中并不包含蜥脚形态类和埃雷拉龙。和大多数备受关注的科学结论不同，这一发现很快便销声匿迹，就像一枚当场爆炸的炸弹一样转瞬即逝。

“鸟腿龙类”并不是一个新名字，被称为“达尔文斗犬”的托马斯·赫胥黎早在19世纪70年代就提出了这一分类。赫胥黎认为鸟腿龙类包括了侏罗纪的虚骨龙类成员美颌龙（赫胥黎认为它代表了新的美颌龙类）和恐龙类（根据他的理解，其中包含了斑龙科、腿龙科和禽龙科）。巴伦课题组使用“鸟腿龙类”一词让人们回想起赫胥黎当年并没有将蜥脚形态类划入鸟腿龙类的做法。但事实并非如此，因为赫胥黎在恐龙类（当然也包括了他所谓的禽龙科）的范围中包括了蜥脚类鲸龙（*Cetiosaurus*）。因此巴伦课题组对鸟腿龙类的使用并没有遵循这个名字最初的含义。

无论如何，他们的提议认为传统意义的蜥臀类不复存在（他们保留蜥臀类来命名埃雷拉龙和蜥脚形态类构成的支系，我认为这个做法并不明智）。根据最早期的鸟臀类、兽脚类和蜥脚形态类的解剖特征，他们认为恐龙的共同祖先是杂食性动物，因此埃雷拉龙和之后兽脚类的捕食性属于趋同演化。同时，他们发现跳龙和无父龙（二者都来自英国）与恐龙关系紧密，所以提出恐龙可能起源于北半球，而不是传统主流观点中的南半球。

很快就有了质疑这个模型的研究，显然所有研究恐龙演化的人都想“分一杯羹”。一项研究发现了一些支持植食恐龙类[1]存在的数据，马修·巴伦的一项后续研究甚至认为鸟臀类可能完全属于兽脚类。

在写作本书时，学者们对鸟腿龙类的看法依旧存在分歧。一些学者认为支持鸟腿龙类存在的证据错漏百出，是建立在对解剖结构错误而不精确的解释上。另一些学者认

1　另一种恐龙分类模型，认为蜥脚形态类和鸟臀类关系接近，构成植食恐龙类。

为支持其存在的证据，尽管其中有一些错误，但依然有足够的解剖学特征支持其存在。还有一部分学者持观望态度，认为真正的答案可能还无法得知。最后的可能性似乎是妥协，但是我们从分子系统发育研究中了解到一些类群的演化辐射可能是爆炸性的，在不同种群之间充满了杂交和基因互换，因此演化路径也不是一条直线。也许时间可以给出答案，也许不能。

另见词条： 鸟臀类（Ornithischia）；植食恐龙类（Phytodinosauria）；蜥臀类（Saurischia）。

Osmólska, Halszka

哈兹卡·奥斯莫尔斯卡

哈兹卡·奥斯莫尔斯卡是波兰化石猎人和古生物学家（1930—2008 年），凭其对晚白垩世蒙古国的兽脚类、鸭嘴龙类、肿头龙类和角龙类的研究工作而为人熟知。尽管奥斯莫尔斯卡被视为恐龙学家，但她的学术生涯始于三叶虫。1963 年，她的事业迎来转机，她参加了深入戈壁沙漠的波兰－蒙古古生物考察并开始研究恐龙，但在此之前她是否对恐龙感兴趣我们不得而知。直到 20 世纪 70 年代早期，她的研究中依然包括了三叶虫。

奥斯莫尔斯卡的第一篇恐龙主题论文是在 1970 年与伊娃·罗涅维奇（Ewa Roniewicz）合作发表的，主题是奇异而迷人的似鸟龙类恐手龙，恐鸟龙在文章发表之后很快成为恐龙出版物中的超级明星。奥斯莫尔斯卡的恐龙论文读起来就像蒙古国的恐龙超级明星录，其中包括似鸟龙类、驰龙类、伤齿龙类以及窃蛋龙类。她还发表了鸟臀类头骨解剖研究论文，并与特蕾莎·玛丽安斯卡（Teresa Maryańska）合作发表了关于亚洲鸭嘴龙类和肿头龙类的论文。在 2002 年与玛丽安斯卡和米奇斯瓦夫·沃尔桑（Mieczysław Wolsan）合著的论文中，她提出窃蛋龙类应该归入鸟类的演化支。这个大胆的假设为格雷格·保罗的假说提供了支持，他认为一些中生代手盗龙类是类似似鸟龙的动物中丧失飞行能力的后代。现在看来，这个研究是由于包括的鸟类过少才导致结论错误的。奥斯莫尔斯卡在 1990 年同戴维·威沙姆佩尔和彼得·道得森共同出版了中生代恐龙的经典参考书——《恐龙》（*The Dinosauria*）。

学术界对奥斯莫尔斯卡的尊重在物种命名中可见一

斑；窃蛋龙类的奥斯莫尔斯卡葬火龙（*Citipati osmolskae*）、驰龙类的奥斯莫尔斯卡伶盗龙（*Velociraptor osmolskae*）和哈兹卡盗龙（*Halszkaraptor*），以及三叠纪爬行动物奥斯莫尔斯卡鳄（*Osmolskina*）、化石兔类奥斯莫尔斯卡鼠兔（*Prolagus osmolskae*）。马格达琳娜·博尔苏克－比亚利亚茨卡（Magdalena Borsuk-Białynicka）在讣告中将奥斯莫尔斯卡描述为一位“热心助人且无私的导师”以及一位“温和、恬静和睿智的同事”。

另见词条：格雷格·保罗（Paul, Greg）；手盗龙类（Maniraptorans）；似鸟龙类（Ornithomimosaurs）；窃蛋龙类（Oviraptorosaurs）。

Ostrom, John

约翰·奥斯特罗姆

约翰·奥斯特罗姆是古生物学家，与学生罗伯·特巴克一道，在启发公众对恐龙产生兴趣方面发挥了重要的作用。奥斯特罗姆（1928—2005年）在耶鲁大学的皮博迪自然历史博物馆工作，在 20 世纪 60—90 年代晚期活跃于恐龙研究领域。他的论文涵盖鸭嘴龙类、角龙类的咀嚼机制，恐龙整体的社会性行为和内温性等主题。他还描述并重新解释了美颌龙与三角龙。奥斯特罗姆同时也是博士生导师。

然而，奥斯特罗姆最为人熟知的工作是鸟类起源研究，包括手盗龙类（特别是恐爪龙和始祖鸟）的解剖学和生活方式，以及鸟类扑翼的起源和演化。现今有关中生代手盗龙类的几乎全部研究都可以追溯到他的工作。

奥斯特罗姆之所以选择研究这些问题可能有两个原因。第一，20 世纪 60 年代晚期，奥斯特罗姆本计划研究翼龙，但他在欧洲看到了来自侏罗纪索伦霍芬灰岩的化石。当他在荷兰哈勒姆的泰勒博物馆研究这块化石时，他意识到那根本不是翼龙，而是兽脚类恐龙，确切地说是始祖鸟。这对科学研究和奥斯特罗姆本人来说都意义重大（他就此在《科学》上发表了一篇论文），激励他更加深入地研究始祖鸟。第二，他对发现于 1964 年的兽脚类恐爪龙进行了研究，在 1969 年命名并描述了它。这种敏捷灵巧的恐龙在当时引起了轰动，奥斯特罗姆认为它可以使用棍棒一样的尾巴来保持平衡，使用弹簧刀一样的后爪给猎物开膛破肚。在 1978 年发表于《国家地理》的一篇文章中，奥斯特罗姆关于恐爪龙和其他恐龙的新发现展现了一种看待恐龙的新视角。后来巴克将以上事件统称为“恐龙文艺复兴”的组成部分。

恐爪龙和始祖鸟的解剖学细节惊人地相似，这也是奥斯特罗姆研究的起点。恐爪龙并不是鸟类的祖先（它的年代远远晚于始祖鸟这类动物），但它似乎显示了鸟类祖先的形态和生活方式。20 世纪 70—80 年代，奥斯特罗姆提出鸟类起源于类似恐爪龙的兽脚类恐龙，他的主要观点是鸟类的扑翼行为源自陆生的兽脚类捕猎时的抓握行为。这构成了飞行类恐龙的“陆生起源”模型，始祖鸟也因此被描绘为陆生生物。

后续的研究工作和发现，特别是 20 世纪 80 年代发表的成果，使奥斯特罗姆的理论被广泛接受。他因为这些具有先见之明的理论备受尊敬，但他在以后出结论时仍比较保守、细致，分析也很严谨。1984 年在德国艾希施泰特市举行的国际始祖鸟会议上，奥斯特罗姆关于鸟类起源的观点成为讨论的焦点，同时也引起了学科研究范式的变化。

1996 年在中国辽宁省发现的带羽毛的虚骨龙类中华龙鸟被称作第一种“带羽毛的恐龙”（排除鸟类）。幸运的是，奥斯特罗姆在生命的最后时光知道了辽宁发现带羽毛的恐龙的消息，证实了他的观点。他在 2005 年死于阿尔茨海默病的并发症。奥斯特罗姆的名字被世人铭记，4 种以他命名的恐龙表达了人们对他的敬意：奥斯特罗姆犹他盗龙（*Utahraptor Ostrommaysi*）、奥斯特罗姆胁空鸟龙（*Rahonavis ostromi*）、奥斯特罗姆小掠龙（*Bagaraatan Ostromi*），以及奥斯特罗姆龙。奥斯特罗姆在 1970 年鉴定的哈勒姆“始祖鸟”后来于 2017 年被命名为一个新的手盗龙类物种——奥斯特罗姆龙。

O

另见词条：始祖鸟（*Archaeopteryx*）；罗伯特·巴克（Bakker, Robert）；恐爪龙（*Deinonychus*）；恐龙文艺复兴（Dinosaur Renaissance）；辽宁省（Liaoning Province）；手盗龙类（Maniraptorans）。

Oviraptorosaurs

窃蛋龙类

窃蛋龙类具有缩短的吻部，常常带有头冠，没有牙齿，是主要生活在亚洲和北美洲的手盗龙演化支，其中一些物种曾被发现其带有蛋的巢穴。窃蛋龙类的名称来源于1923年美国自然历史博物馆考察队在蒙古国晚白垩世地层发现的一种和人大小相仿的兽脚类——窃蛋龙。当时这具标本与一个带有蛋的巢穴一同被发现，而且这具标本的头骨具有奇特的解剖学特征，因此被解释为正在捕食角龙类原角龙巢穴中的蛋。这也是它名字的来源——“Oviraptor”，意为“偷蛋的贼”。但1995年发现了一只保存在原角龙蛋窝上的窃蛋龙标本，这证实1923年发现的标本并不是在偷蛋，而是在照顾自己的蛋。

窃蛋龙属于窃蛋龙类中的窃蛋龙科，该科包括大约20种下颌缩短的亚洲物种。窃蛋龙类的另一个类群——近颌龙科，则包括了亚洲和北美洲拥有更长、更窄的下颌和更细长四肢的物种。近颌龙科名字源于1940年发现于加拿大阿尔伯塔的近颌龙（*Caenagnathus*），最初发现时其下颌一开始被人们认为属于一种巨大的陆生鸟类，当时人们想象可能存在一种类似鸵鸟，且与三角龙和霸王龙生活在一起的动物。目前已经发现了大约15种近颌龙类。最小的体形和火鸡相仿，余下的体长2～4米，而来自中国的巨盗龙（*Gigantoraptor*）体长达到8米，体重超过2.2吨。巨盗龙可能不属于近颌龙类，但无论如何，它肯定是

O

火鸡大小的尾羽龙

最大的窃蛋龙类和最大的手盗龙类之一。

窃蛋龙类具有短小粗壮的尾部，一些物种尾部的最后几块脊椎骨融合。近颌龙类后爪的解剖结构很特殊，跖骨（在爪踝和爪趾之间的骨头）固定以承受更大的力。还有一些物种出现了更异常的变化，即爪踝处的跖骨完全融合。

还有一些窃蛋龙类不属于窃蛋龙科和近颌龙科组成的演化支：拟鸟龙类，来自亚洲和加拿大的火鸡大小的小型动物，拥有短小的前肢和近颌龙科那样部分融合的跖骨；中国早白垩世的尾羽龙类，具有牙齿，保留了完整的羽毛，特别是长长的前肢羽毛和尾部的扇状羽毛。这个类群的命名来自中国辽宁省的尾羽龙。尾羽龙的发表引起了轰动，因为它是第一种让学界毫无争议地保留了复杂羽毛的非鸟类恐龙。1998 年在同一篇论文中描述的原始祖鸟也保留了羽毛，它是一种带牙齿的窃蛋龙类，但具体分类位置不明。

窃蛋龙类是怎么生活的呢？它们的下颌和头骨可能适于捕食软体动物或小型脊椎动物，它们也有可能植食生活。尾羽龙的胃石显示它大部分时候都是植食，这似乎也是该类群中大多数物种的食性。但这并不代表它们不会抓住吃掉偶尔出现的小动物的机会。集群埋葬的化石显示一些物种成群生活，甚至还有以睡眠姿态保存的集群标本。这些恐龙肌肉发达的尾部不禁让人想象它们可能会为了争夺交配权展示尾部的扇状羽毛，就像孔雀那样。

最后一件值得思考的事是窃蛋龙与其他手盗龙演化支的关系。今天的主流观点认为窃蛋龙类与驰龙类、伤齿龙类和鸟类关系接近，这四个类群构成了廓羽盗龙类的演化支。然而，也有观点认为窃蛋龙可能与镰刀龙类构成一个演化支，因为它们拥有相似的颈椎、爪子和臀部。

另见词条： 手盗龙类（Maniraptorans）；镰刀龙类（Therizinosaurs）。

O

Owen, Richard
理查德·欧文

理查德·欧文是英国维多利亚时期最负盛名、经验最丰富的解剖学家、古生物学家和动物学家。理查德·欧文（1804—1892 年）在 1883 年获得爵位，因在 1842 年命名了“恐龙”（Dinosauria）一词而知名。在这项研究中，他描述了三种不久前在英国发现并命名的爬行动物化石，分别是斑龙、禽龙和林龙。它们都拥有较多荐椎、粗壮的肢骨，以及脊椎和肋骨的共同特征，因此被分为一类。

欧文将这些动物视作犀牛和大象的爬行动物版本，称其为厚皮爬虫，他对其外观的理解通过水晶宫中的展品被

斑龙原始化石下颌，欧文最早命名的三种恐龙之一

永远留存下来。科学史专家阿德里安·戴斯蒙德（Adrian Desmond）指出，欧文将恐龙视作厚皮爬虫的原因可能部分迎合了当时对生物演化的看法，他刻意利用恐龙来显示生命在历史中并没有“改进”自己，因为和这些巨大的厚皮动物一样的爬虫显然不能被视为今天爬行缓慢的小型蜥蜴和蛇的低级祖先。欧文还在 1841 年描述了鲸龙，这是第一种被科学描述的蜥脚类恐龙，但欧文当时并不知道它是恐龙，而认为它是一种巨大的海生鳄类。他在 1863 年对装甲龙类的腿龙所作的描述也很有意义，因为这是对中生代恐龙骨架的第一次完整描述。

虽然欧文以描述爬行动物化石而著称，但他一开始其实是解剖学家。他曾在苏格兰的爱丁堡大学学习医学，然后在伦敦的皇家外科学院参加科学研究。之前他的目标是成为“英国的居维叶”——一个令当时整个英国生物科学界垂涎的称号。1856 年他成为大英博物馆自然历史部门的负责人，并于 1859 年提议在伦敦修建专门的自然历史博物馆。这座“自然的圣殿”在 1882 年开放，极大地改变了人们对博物馆的观感。至今它依然是世界上最知名的研究和展览中心，在其展品、藏品以及科研人员的研究中，恐龙依然占据了相当的比例。

欧文对所有动物类群都有所了解，无论是古生物化石还是现生动物，这让他提出了不少关于生命演化历史和新形态建成的理论。他反对达尔文的自然选择演化理论，而且常常冒犯同事与同辈。他与吉迪恩·曼特尔论战，托马斯·赫胥黎说他“既令人畏惧也遭人憎恨”。出于这些原因，欧文在古生物学和动物学史上常被塑造成恶人。他肯定不是圣人，但这些评价中大部分既不公正也不准确，没有把他对科学的巨大贡献和他将生物学与古生物学带入大众视野的功绩考虑在内。

另见词条：水晶宫（Crystal Palace）。

Pachycephalosaurs

肿头龙类

肿头龙类也被称为骨质头颅或者圆顶头骨的恐龙，大多是分布在晚白垩世的亚洲和北美洲的双足行走鸟臀类恐龙，以拥有骨质增厚的头骨而闻名。体长 1 ~ 5 米不等。细小的叶状牙齿显示它们以树叶为食。口腔前部存在犬齿一样的牙齿，可能被它们用于打斗，或者撕咬水果和小动物。它们的牙齿与手盗龙中伤齿龙类的牙齿很像，因此在 40 多年里这两个类群都被认为属于一类。

P

目前我们对肿头龙类的肢体知之甚少，只能期待未来的发现能够让我们了解它们的更多解剖形态。我们知道它们的上臂和两个前爪很小，臀部和尾部基干处较为粗壮，在肌肉发达的尾部有骨质棍状结构。这些棍状结构起初被认为是骨化的肌腱，就像其他鸟臀类恐龙与脊椎相连的结构一样；但后来发现它们其实是肌肉成骨，类似辐鳍鱼类的肌间鱼刺。因此它们的尾部有可能十分结实，可用来储存脂肪，或是当作武器甚至支撑物。

曾有一段时间，肿头龙类被划分为两大类群：头骨较平的平头龙科和头骨类似圆顶的肿头龙科。平头龙科的奠基成员是来自蒙古国的平头龙（*Homalocephale*），它与同时期的肿头龙科倾头龙（*Prenocephale*）外形类似，主要的区别在于倾头龙的头骨呈圆顶状。也许倾头龙是成年形态，圆顶状的头骨在个体成熟后才出现。这种理论同样也被用来解释北美洲的肿头龙类，但问题在于北美洲的物种——龙王龙（*Dracorex*）和冥河龙（*Stygimoloch*）的结构很复杂，并没有在被视为成年形态的肿头龙当中见到头部的尖刺和突起。如果它们真的可以组成一个生长序列，那么在发育成熟的过程中一定经历了非常极端的变化。

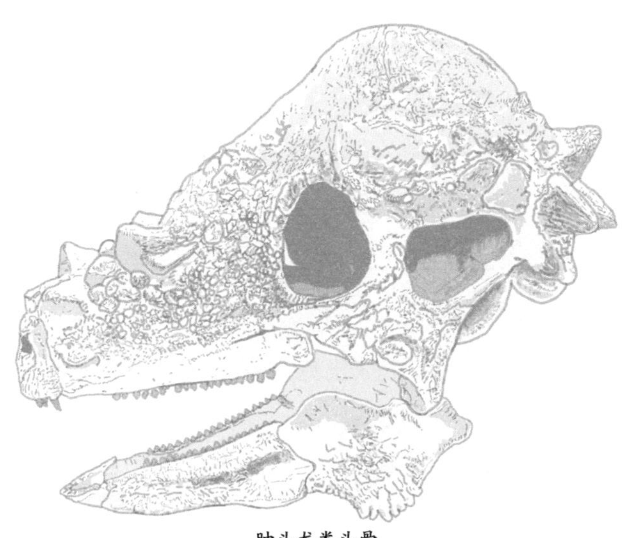

肿头龙类头骨

肿头龙类厚重的头骨不禁让人联想它们的行为可能类似绵羊或者山羊，通过互相撞击头部来获得统治权或是交配权。绝大部分肿头龙类头骨标本都是破碎和磨损的圆顶，似乎是从高地被搬运过来的，所以有学者认为它们可能生活在山区。但后续研究显示，这种假设需要更多研究支持。肿头龙类的头骨并不适合高速撞击，而是用于摩擦或者侧向的角力，对肿头龙类化石点的研究显示它们大多保存在低地环境，因此没有理由认为它们是高地动物。

最后，肿头龙类与其他鸟臀类的关系是怎样的呢？20 世纪晚期，它们双足行走和缺乏装甲的形态使人们认为它们属于鸟脚类，可能起源于类似棱齿龙的动物。1974 年，特蕾莎 · 玛丽安斯卡和哈兹卡 · 奥斯莫尔斯卡认为这种认识并不正确。她们提出，肿头龙类是一个独立的“亚目”级别类群。根据 20 世纪 80 年代对恐龙系统发育的研究，几位学者发现了它们与角龙类的共同之处。人们起初主张肿头龙类、角龙类、剑龙类以及甲龙类属于同一类群（可以在罗伯特 · 巴克 1986 年的《恐龙异端》中看到这种观点），但最终发现甲龙类和剑龙类同属于装甲龙类，而其他鸟臀类属于另一支系，肿头龙类和角龙类形成了一个分支并与鸟脚类关系接近。保罗 · 塞利诺在其

1986 年关于恐龙系统发育的里程碑式的研究中将肿头龙类和角龙类形成的分支命名为“头饰龙类”。

另见词条：头饰龙类（Marginocephalians）；鸟臀类（Ornithischians）。

Paul, Greg

格雷格 · 保罗

美国的古生物艺术家和学者格雷格 · 保罗在非鸟类恐龙的现代复原方面产生了重大影响，是全世界最有影响力的古生物插画家之一。

保罗将他的创作灵感归功于查尔斯 · 奈特（Charles Knight）、比尔 · 贝瑞（Bill Berry）和杰 · 马特内斯（Jay Matternes），但在 20 世纪 70 年代早期发现了罗伯特 · 巴克的研究，意识到恐龙文艺复兴到来的就是他本人。之后，保罗开始在巴尔的摩的约翰霍普金斯大学非正式地跟随巴克学习，也开始创作专业水准的绘画作品。他的作品受争议之处（20 世纪 80 年代早期之后发表的）在于将小型兽脚类恐龙加上了羽毛，将蜥脚类恐龙的形态刻画得很复杂（而不像过去插画家描绘的那样粗笨），以及把驰龙类和手盗龙类描绘为具备飞行能力、类似始祖鸟那样的动物的后代，但其之后失去了飞行能力。

20世纪70年代晚期，保罗的插画作品首次在《科学》和《国家地理》杂志［与斯蒂芬·杰伊·古道尔（Stephen Jay Gould）的论文一道］上公开发表。到20世纪80年代晚期，他已经成为古生物艺术界的中坚力量。他的多幅作品在1986—1991年的“恐龙的过去与现在”（*Dinosaurs Past and Present*）巡回展览中出现，他的文章也发表在展览相关出版物章节《恐龙及其近亲外表重建的科学与艺术：一份严格的操作指南》（*The science and art of restoring the life appearance of dinosaurs and their relatives—a rigorous how-to guide*）中，成为被广泛引用的、严谨的指导书籍。保罗的骨架复原风格（将动物描绘为奔跑的姿态，黑色色块构成包围骨骼的软组织）被广泛采用，他高度拟真、详尽的生态复原独树一帜，是大多数人难以企及的。

很多保罗笔下有争议的恐龙复原出现在1984年之后发表的专业文章中，但让人印象最深的还是他在1988年的著作《全世界的捕食性恐龙》（*Predatory Dinosaurs of the*

World）中描绘的形象。这本书出版不久便遭到几位古生物学家的批评，他们谴责保罗对恐龙行为的复原过于肯定，过度描绘了内温性，对他选择的系统发育和分类方式也有不同看法。《世界捕食性恐龙》的前言部分解释了该书是回顾全世界主龙类化石系列中的第一部，但伴随着负面的回应与出版业的变化，这个庞大的计划最终被放弃了。

人们对保罗的骨架复原和插画作品始终兴趣不减，要他出版相关专著的呼声持续不断。1996 年，他终于出版了《恐龙骨架复原大全》（*The Complete Illustrated Guide to Dinosaur Skeletons*），但该书只在日本发行。2010 年出版的更详尽的《普林斯顿恐龙图鉴》（*The Princeton Field Guide to Dinosaurs*）解决了这个问题。对很多感兴趣的人来说，这本书是了解恐龙复原的首选参考书。在本书写作时，保罗依然在发表专业论文和出版专业书籍。

我一直都对格雷格·保罗持这样的观点：我感到学术界一部分人认为保罗“仅仅”是一个有前卫观点的艺术家，与正确的古生物学研究无关。这种观点无视了格雷格·保罗的作品激励了很多人来研究恐龙，或者被它们吸引形成兴趣。这些事情值得古生物艺术家来做，也同样值

P

得古生物学家来做。如果你曾受到《侏罗纪公园》(及续集)中恐龙形象的启发，那么你也是其中之一，因为保罗的恐龙复原是电影中恐龙形象不可或缺的组成部分。

另见词条：罗伯特·巴克(Bakker, Robert)；恐龙文艺复兴(Dinosaur Renaissance)。

Phytodinosauria

植食恐龙类

植食恐龙类是假设包含了鸟臀类和蜥脚形态类的演化支。自从恐龙文艺复兴运动以来，将恐龙分为蜥臀类和鸟臀类的观点已经被打磨、完善了数十年，每一本有关恐龙的书中都有提及。因此，大家极少知道在20世纪80年代还提出过不同的恐龙分类方法。这种观点认为蜥臀类并不存在，蜥脚形态类和鸟臀类应该被合并为植食恐龙类。

这个概念是罗伯特·巴克在1986年的《恐龙异端》中提出的。巴克认为鸟臀类恐龙起源于蜥脚形态类中的近蜥龙(*Anchisaurus*)这样的物种，他注意到它们在下颌前端、胸骨和拇指上的共同特征。南非的迈克尔·库珀也独立提出了类似的观点，他将蜥脚形态类和鸟臀类构成的演化支命名为鸟臀形态类。

巴克并没有进一步阐述关于植食恐龙的假说，但这一观点被古生物艺术家（巴克的门徒）格雷格·保罗采纳。作家兼学者乔治·奥尔舍夫斯基同样在他的文章中支持了植食恐龙类的单系性。保罗在其 1988 年的著作《世界捕食性恐龙》和 1984 年的一篇论文中都支持了植食恐龙类的存在。但因为他的论文是关于镰刀龙类的，这不免让人产生一些额外的好奇。保罗的结论是，镰刀龙类“介于原蜥脚类和鸟臀类之间”，但这种说法只有在原蜥脚类和鸟臀类构成一个不包含兽脚类的演化支时才成立。因此，保罗的结论暗示了植食恐龙类的存在。20 世纪 80 年代中期，蜥臀类 / 鸟臀类的分类模型已经逐渐稳固，对植食恐龙类的识别（将镰刀龙类包括其中）已经难以维系。植食恐龙类这个名字逐渐被世人遗忘……

直到 2017 年，随着鸟腿龙类的争论慢慢展开，不少学者重新分析了恐龙之间的关系，这些研究中至少产生了三株包含植食恐龙类的演化树。尽管结论不太精确，但植食恐龙类终于再一次出现在文献当中。

另见词条：罗伯特·巴克（Bakker, Robert）；格雷格·保罗（Paul, Greg）；鸟臀类（Ornithischia）；鸟腿龙类（Ornithoscelida）；蜥臀类（Saurischia）；镰刀龙类（Therizinosaurs）。

Pneumaticity

气 腔

气腔是充满空气的气囊结构，通过管道与肺部及其他中空结构相连。气腔是哺乳动物头骨中常见的结构，但在鸟类中更为显著，因为鸟类的部分甚至是全身骨骼都充满空气。鸟类体腔各处都有气囊。一般在胸部和腹部有三对气囊，在前胸还有一个额外的。由于气腔结构中各个结构都是相连的，所以每次吸入的空气得以在整个系统中流动，而不仅仅是在肺部流进流出。更准确地说，气腔可以指骨架中的充气结构，也可以指体腔中的中空结构，还可以兼指二者。

骨骼化石证据显示了灭绝恐龙具有气腔：在具有气腔结构的脊椎外侧，有许多被称为“气腔凹”的巨大空洞和较小的开口——“气腔孔”；在骨骼内部，同时具有较大和较小的腔室。根据这些结构特征，我们知道蜥脚形态类和非鸟类兽脚类恐龙具有气腔，这也成为将它们都归入蜥臀类的证据。大型物种往往比小型物种拥有更多的气腔结构，巨型蜥脚类和大型兽脚类是气腔结构最多的动物。

鸟臀类中目前还没有发现可靠的带气腔结构证据，不过它们可能在体腔内而不是在骨骼中有某种气囊。除恐龙之外，翼龙也有气腔，一些三叠纪的鳄类也有类似结构。这也许意味着恐龙的主龙类祖先是具有气腔的（也就是说鸟臀类失去了骨骼气腔），也可能这种结构独立演化了两三次，对此目前还没有定论。

气腔可能为动物提供了一些优势。体腔中的气囊使得

一些恐龙骨骼上有明显的气腔开孔和空腔

动物可以吸入更多空气，也就可以从大气中获取更多的氧气。这也许让恐龙和其他主龙类在中生代早期的低氧环境中获得了生存优势。在骨骼和躯干中保留充气的空腔对大型动物来说尤其有利，因为这可以减轻体重。

Prosauropods

原蜥脚类

原蜥脚类是过时的旧名，曾用来命名所有非蜥脚类的蜥脚形态类。“原蜥脚类”的概念在 1920—1956 年由德国古生物学家弗雷德里希·冯·休尼提出。休尼认为几种生活在三叠纪和早侏罗世的恐龙应该被归为一类，虽然它们外形上不属于蜥脚类和所谓的食肉类兽脚类恐龙，但应该与这两个类群关系接近。

在休尼的原蜥脚类中，核心成员是西欧晚三叠世的板龙（*Plateosaurus*）。它体长大约 8 米，有着长长的脖子，嘴里长着锯齿样的树叶状牙齿，下颌前端有尖牙。这是一种非常适于采食植物的牙齿构造，但这种排列暗示着板龙偶尔也会取食动物或者腐肉。也许是因为大部分恐龙都是杂食性的，也许是因为这样可以在多样化的环境中依靠各种食物求生。

板龙及其近亲强健有力的两个前爪和上臂让一些研究人员认为它们可能四足行走。但关联的骨架显示它们的爪掌是向内而不是向下的，计算机模拟确认了它们依靠两足行走。它们巨大的指爪（特别是拇指的爪子）可能会用于打斗或者自卫。

骨骼化石和邻近的爪印显示一些原蜥脚类具有集群生

板龙

活的习性。来自阿根廷和南非的化石蛋和幼崽让我们知道它们的外观在发育过程中经历了重大变化，可能从四足行走转为两足行走。在巢穴附近发现的成年个体可能意味着这些恐龙有育幼行为。板龙的幼体和成体区别不大，然而也有可能是种群内不同生长速率造成的。在这一点上，有化石证据表明，板龙的确有不同的生长速率。一些个体在12岁体长5米时停止了生长，而另一些个体则继续缓慢生长，在30岁出头时体长超过了8米。这种差异可能是环境因素造成的。

20世纪晚期，学者们基本认同了最古老的原蜥脚类来自三叠纪，比如英国的槽齿龙（*Thecodontosaurus*）——一种双足行走、植食或者杂食、体长2米的动物。人们认为它们演化出了体形更大、脖子更长的美国近蜥龙、非洲南部的大椎龙（*Massospondylus*）；它们和板龙均来自早侏罗世。而板龙这样的动物显然与黑丘龙类（melanorosaurids）的起源有关，那是一群庞大的四足行走的类似蜥脚类的植食恐龙，其中一些体长超过10米。因为黑丘龙类很接近蜥脚类，一部分学者认为它们是蜥脚类的直系祖先。盛行于20世纪60—90年代的一种观点认为，它们根本不是蜥脚类的祖先，而原蜥脚类和蜥脚类有一个共同祖先，就是类似槽齿龙那样的三叠纪恐龙。

现在，休尼提出的原蜥脚类支系的观点已经不再被人提起。相反，休尼提到的这些动物似乎构成了逐渐接近蜥脚类的一系列支系。槽齿龙可能是其中关系最远的，而黑丘龙类则非常接近蜥脚类。这些支系并没有聚在一起的事实解释了“原蜥脚类”一词过时的原因。现在流行的说法将它们称为“非蜥脚类的蜥脚形态类”，当然，这听起来确实有些拗口。

另见词条：蜥脚形态类（Sauropodomorphs）。

Raptor Prey Restraint

猛禽猎物压制

猛禽猎物压制被视为捕食性手盗龙类，特别是包括了恐爪龙和伶盗龙的驰龙类所用的捕猎方式。这个模型受到了鹰、雕和隼等猛禽捕食行为的启发，主要指通过使用强力的弯曲的指爪从猎物上方将其固定以制服猎物的行为。丹佛·福勒（Denver Fowler）和同事在 2011 年研究现生鸟类的捕食行为时发表了这个模型。

一个过去几乎被完全忽视的地方是，一些类似驰龙类的鸟类的第二趾上有巨大并且弯曲的爪子。在驰龙类物种中，这种爪子常常被称为“镰刀状爪”。在捕获猎物之后，这些猛禽会利用自己的体重将猎物压制在地面，然后用巨大的第二趾爪紧紧锁住猎物以防它们逃跑。等到猎物停止活动之后，捕食者便开始进食，猎物经常在还活着的时候就被吃掉。

福勒和同事们将这种捕食行为称为“猛禽猎物压制”（简称 RPR）。之后认为驰龙类（尽管不是其中全部物种）特化为使用猛禽猎物压制的假说开始浮现。布满羽毛的巨大前肢和同样布满羽毛的长尾巴可以在它们压制猎物

猛禽猎物压制

时用于保持平衡。这些恐龙灵活且长有锋利爪子的后肢也与这种假说相符，特别是短而敦实的跖骨（可以帮助捕食者将体重压在猎物身上），以及镰刀状的爪子看上去最适合用于固定或者攥紧体形较小的猎物。

这种假说代替了旧有提法，即驰龙类使用镰刀爪割开或撕裂猎物的侧面或腹部，致后者被开膛剖肚或流血而死。这种早期的假说是约翰·奥斯特罗姆在他的恐爪龙研究中提出的，但它站不住脚，因为镰刀状的爪子并不适合切割，2006 年的一项研究使用机械臂和爪子的复制品证实了这一点。

福勒和同事们建议将这种捕食假说的缩写 RPR 读作

“ripper”，但我还是坚持读作“R-P-R”，因为“ripper”（意为开膛手）的读音会给人造成完全错误的印象。顺带一提，自从《侏罗纪公园》以来，驰龙类常常被称为“某某猎龙”（-raptor），这种称呼让整个讨论显得更加怪异了。在鸟类学中，“raptor”（猛禽）这个名字一般被理解为捕食性鸟类的同义词。

另见词条：恐爪龙（*Deinonychus*）；约翰·奥斯特罗姆（Ostrom, John）；《侏罗纪公园》（*Jurassic Park*）。

Rhabdodontomorphs

凹齿龙形态类

一类生活在白垩纪的禽龙类鸟脚类恐龙被统称为“凹齿龙形态类”（Rhabdodontomorpha），主要来自欧洲和澳大利亚，体形范围广泛。这个类群的“核心”成员是凹齿龙类，其所有物种都是健壮的、两足行走的鸟脚类恐龙，仅分布在欧洲。凹齿龙类的头骨在两颊处宽阔而在喙部收窄，长有看起来适于切割坚硬植物材料的较大的颊齿。最大的凹齿龙类有 5 ~ 6 米长，其余物种较小（2 ~ 3 米长）且仅分布于晚白垩世的欧洲岛屿上。一种流行的观点认为，这些更小体形的物种是岛屿矮态的结果，它们为了适应岛屿生活发生了特化。

在某些方面，凹齿龙类显得比其他白垩纪的鸟脚类更加原始，因此另一种流传广泛的观点认为它们是当时的“活化石”，也就是在演化历史中仅仅经历了微小变化的物种。这是个有趣的说法，但可能并不正确。一些研究发现，来自澳大利亚早白垩世的木他龙（*Muttaburrasaurus*，名字出自位于昆士兰州的首次发现地点）是凹齿龙类的近亲。木他龙体形庞大（体长约 8 米），可能是双足行走的，

木他龙

拥有一个巨大且中空的鼻子，但是其大鼻子的功能还不为人所知，有可能用于发出声音。

如果木他龙和凹齿龙类同属一类，那么就没有确切的理由相信这些恐龙是“活化石”。事实上，它们的演化历史是在不断变化的。它们可能起源于较大的体形，之后变小；也可能木他龙和另一些凹齿龙独立演化出较大的体形，还有可能一同演化变大。进一步说，几乎可以肯定这个类群的起源早于距今大约 1.7 亿年的中侏罗世。证据就是与之相关的最古老的鸟脚类恐龙是在这个年代的地层中被发现的。但是，目前最古老的凹齿龙类来自早白垩世，距今大约 1.3 亿年。我们并不知道在它们演化历史的前 4000 万年发生了什么，我们依然在等待发现这个类群的侏罗纪成员。

另见词条：鸟脚类（Ornithopods）。

S

Saurischians

蜥臀类

蜥臀类是“传统”分类中的两大恐龙类群之一（另一个是鸟臀类），蜥臀类意为“拥有蜥蜴臀部的恐龙”。

“蜥臀类”一词最早出现在著名的“挑衅者”和“无政府主义者”、维多利亚时期的古生物学家哈里·西利1888年发表的一篇短文中。他提醒读者注意，当时已经发现的恐龙物种在若干方面都有不同，其中最显著的是臀

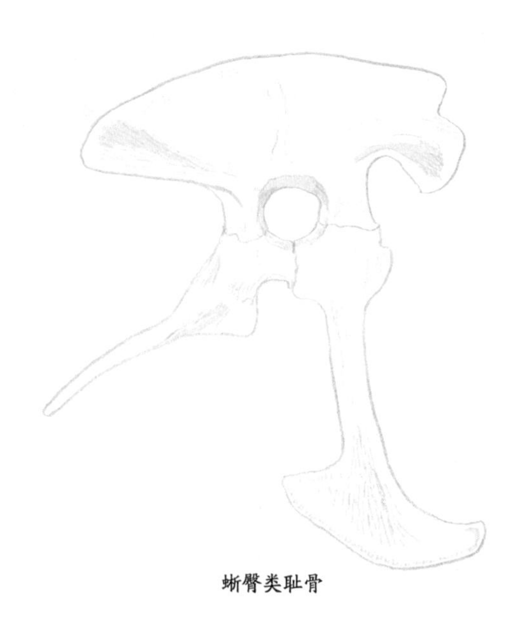

蜥臀类耻骨

S

部的解剖结构。鸟臀类的耻骨指向后下方，而蜥臀类的耻骨指向前下方。西利还指出，蜥臀类长有带气腔（或者说中空）的骨骼，而且缺少装甲。蜥臀类可以进一步分为两大类，即兽脚类和蜥脚形态类。

关于恐龙的书籍往往会给人产生一种印象：西利的分类方法在 1888 年之后就成了金科玉律。但事实上，这种分类主张在西利生前始终被忽视，直到 1907 年才获得了其他专家的支持。之后数十年间发生的故事对这本书来说过于繁杂了，简而言之，到了 20 世纪 70 年代，西利的蜥臀类和鸟臀类分类方法已经得到广泛使用了。在 1974 年的一篇具有革命性的文章中，罗伯特·巴克和彼得·高尔顿提出这两个类群拥有一个共同祖先，而它本身也是一种恐龙。兽脚类和蜥脚形态类之间的紧密联系看上去好像一直都符合逻辑，因为这两个类群的早期成员都体态轻盈，缺乏鸟臀类恐龙的植食性特化。1993 年发现的始盗龙增强了这个联系，因为它同时具有兽脚类和蜥脚形态类的特点。尽管当时的论文认为始盗龙是一种兽脚类恐龙，但不久之后就有学者重新鉴定，认为它可能是一种早期蜥脚形态类恐龙。

然而，蜥臀类的问题在于，描述为该类群特征的臀部形态在脊椎动物中其实是广泛存在的“正常”形态。这并没有什么特别的，也不是兽脚类和蜥脚形态类特有的。那么，西利的蜥臀类真的值得承认吗？否定的意见在20世纪80年代就已多次出现，其中一些更着重指出了鸟臀类和蜥脚形态类之间可能存在的联系。但雅克·高蒂耶在1986年对恐龙系统发育的研究中，成功找到了支持蜥臀类存在的解剖特征，提出兽脚类和蜥脚形态类在头部、颈部、脊柱以及爪部拥有鸟臀类不具备的特征。他举出的论据很有说服力，自此之后蜥臀类的地位变得非常稳固。

2017年，马修·巴伦和同事们发表了关于兽脚类和鸟臀类应该归入鸟腿类的论文。他的论文提出一个假说，西利的蜥臀类不再是一个演化支，但巴伦和同事们没有弃用这个词，转而用它来命名包含了埃雷拉龙和蜥脚形态类的演化支。我认为这是个糟糕的决定，因为这让我们不得不面对一个拥有多重含义的词。这样一来，在本书的词条“鸟腿类”下讨论的蜥臀类的准确定义——当然是指西利的蜥臀类，现在显得并不明确了。一些人认为蜥臀类可能根本不存在，另一些人认为它的意义取决于我们分析的是哪些数据以及如何分析，还有一部分人认为蜥臀类的存在从来没有经受过严重的怀疑。

另见词条：鸟臀类（Ornithischia）；植食恐龙类（Phytodinosauria）。

Sauropodomorphs

蜥脚形态类

蜥脚形态类是拥有漫长历史的类群，正式来说包括长脖子的巨型蜥脚类恐龙和它们的近亲。该类群具有极高的多样性，既包括双足行走、脖子较短的小型捕食者，也包括双足行走、长脖子的大型杂食动物，以及四足行走的植食动物（其中还有曾经存在过的最大的陆生动物）。

蜥脚形态类起源于三叠纪双足行走的捕食性恐龙。其中一个例子是来自巴西晚三叠世的布氏盗龙（*Buriolestes*），它体长约 1 米，外形上接近早期的兽脚类，拥有弯曲的牙齿和短小的上臂。从类似这样的祖先开始，蜥脚形态类的化石记录显示出体形增大、脖子变长、更加依赖植食，以及上臂和爪部更加粗壮的变化趋势。

一些晚三叠世的蜥脚形态类，例如南非的黑丘龙（*Melanorosaurus*），体长可达 8 米，而且几乎完全依靠四足行走。它们拥有比例较长的前肢、笔直的股骨（相较于弯曲的)、特化的小臂，以及因此而朝向下方而非朝向身体内侧的爪掌。黑丘龙这样的动物，其前爪更短更结实，已经特化出支撑体重的功能。蜥脚类就是从这样的恐龙中起源的，不仅延续了体重增加和脖子变长的趋势，同时前后爪也发生特化，更加适应支撑重量。

除了蜥脚类之外，此处讨论的所有恐龙过去都被归类于“原蜥脚类”。你当然可以继续使用这个词，但原蜥脚类的词义如今已变得模糊不清，因为其中的一些物种现在被视为早期的蜥脚类。也可以说，“原蜥脚类”这个词造成了“这些动物是演化原型”的误解，导致人们误认为它们终将演化成蜥脚类。然而，在非蜥脚类的蜥脚形态类恐龙中，大部分既不是蜥脚类的祖先，也没有和它们接近的亲缘关系。

蜥脚形态类的重要特征包括延长的脖子、较短的头骨以及口腔前部较长的牙齿。这些特征在这个类群的演化历史中至关重要。但最近的一些发现显示，其颌关节、小臂以及臀部关节的一些细节或许可以更充分地描述它们最初的演化历史。绝大部分蜥脚形态类拥有中空的骨骼，这在传统上被用来支持蜥脚形态类与兽脚类同属蜥臀类的观点。然而，还存在其他的可能性，如果你想了解的话，可以翻阅介绍鸟腿类和植食恐龙类的词条。

另见词条：原蜥脚类（Prosauropods）；蜥臀类（Saurischians）；蜥脚类（Sauropods）。

Sauropods

蜥脚类

虽然大部分主要的恐龙类群都有着引人注目的体形，但是它们都无法与中生代长脖子的植食巨兽——蜥脚类相提并论。最早的蜥脚类恐龙，例如来自南非的雷前龙（*Antetonitrus*），生活在大约 2 亿年前，接近三叠纪—侏罗纪界限；最后的蜥脚类恐龙生活于大约 6600 万年前的白垩纪末期。关于蜥脚类的起源和早期历史研究者有若干不同观点，但主流观点认为蜥脚类起源于类似来自晚三叠世南非的黑丘龙那样的大型四足行走蜥脚形态类。

蜥脚类在演化的最初阶段经历了大型化，在早侏罗世时就已经存在体长 12 ~ 15 米，体重超过 7 吨的蜥脚类物种了，此时距离该类群起源仅仅过去了 1500 万年。蜥脚类最出名的一点当然是它们的体形。典型的蜥脚类体长可达12米，体重超过5吨，但体长大于这类两倍的物种——体长25米、体重超过25吨甚至50吨的物种都出现过多次。其中最庞大的包括莫里森组的梁龙类极巨龙，体长约35米，体重超过70吨，以及南美的若干泰坦巨龙类——阿根廷龙（*Argentinosaurus*）、南方巨像龙（*Notocolossus*）、巴塔哥泰坦龙（*Patagotitan*）等，它们体长30 ~ 40米，体重介于40 ~ 100吨。最大蜥脚类物种的确切体形依然充满争议，一方面是由于遗骸残缺；另一方面则因为估算体重的方法不同，得出的结果也不同。

蜥脚类为什么如此巨大，又是如何长到这么大的？这是一个很好的问题。目前认为，“全球性的异常现象（例如较低的重力）导致巨型化”的观点没有任何证据支持。答案更可能是蜥脚类具有的一系列特征引领它们走向了巨型化。这些特征包括高度中空的骨架、类似鸟类的呼吸系统、方便获取食物的长脖子、依靠后肠发酵（体形越大，效率越高），以及可支撑体重的柱状四肢。没有任何其他动物类群同时具备上述所有特征，这可能解释了为什么其他陆生动物无法达到如此巨大的体形。即使是最大的鸟臀类物种或者有名的巨犀

（*Paraceratherium*），体重也都不超过 30 吨。

我们对蜥脚类的多样性和演化历史的理解不断变化，有很多值得着墨之处。包括原始的火山齿龙类（vulcanodontids）、脖子奇长无比的马门溪龙类（mamenchisaurids）和各方面都很平均的鲸龙类（cetiosaurids）在内，有几个类群都不属于新蜥脚类（Neosauropoda）。新蜥脚类包括了脖子和尾巴都很长的梁龙类，以及尾部相对较短的大鼻龙类。

蜥脚类如何生活也是个有趣的问题。牙齿、下颌以及巨大的体形显示它们专精于植食，大部分时候在撕扯、吞食树叶和嫩枝。短小结实的前爪和柱状的四肢表明它们曾是生活在森林、开阔绿地和草原的陆栖动物。尽管它们会游泳（其中一些甚至可能是生活在沼泽、红树林或者三角洲地带的两栖生物），从 19 世纪晚期到 20 世纪 60 年代，认为它们水生生活的观点一直盛行，但没有良好的证据或者逻辑支撑。这种观点可能部分来自它们脆弱的下颌和牙齿。事实上，它们的牙齿可以高效地切割植物，特别是处理粗糙的叶片。巨大而灵活的舌头和丰富的唾液可能也帮助了进食。

蜥脚类令人叹为观止的长脖子由 12 ~ 19 块椎骨组

成，是演化中的重要创新。不少专家认为，正是脖子使得蜥脚类可以在垂直和水平两个方向都获得巨大的取食范围。争论的焦点在于其脖子的灵活程度，以及它们是从低处还是高处取食。其脊椎骨之间的关节与陆生动物脖子相同的姿态都显示，蜥脚类的脖子应该十分灵活，在平时处于某个向上的角度。当鸟臀类和早期蜥脚形态类仅能取食距离地面 1 ~ 5 米的植物时，蜥脚类可以轻易吃到 7 ~ 10 米高的树叶，一些大型的物种可以达到 15 米甚至更高。

我们有充分的理由相信，一些蜥脚类，特别是梁龙类，可以仅仅依靠后肢和粗壮的尾巴支撑站立。计算机模型和对其骨骼强度的研究显示，双足站立对蜥脚类恐龙并不是难事，它们在取食难以够到的食物的时候可能会这样站立。但是其颈部的灵活度和牙齿上的微磨痕显示，一些蜥脚类也在地面觅食，会取食蕨类和其他低矮植物。叉龙类那样短脖子的蜥脚类可能更像食草动物而不取食高处的树叶。

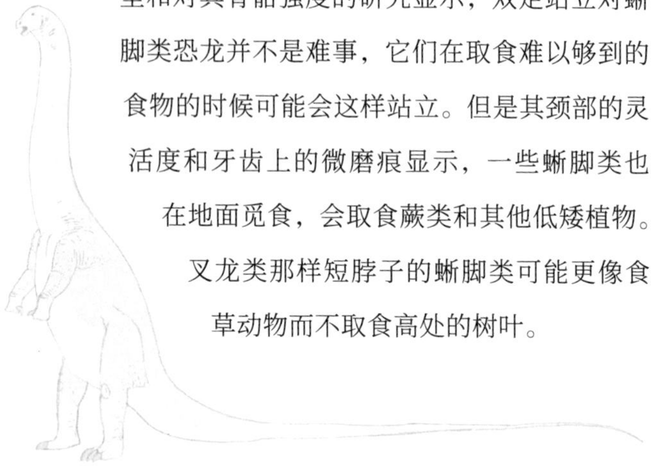

一只靠后肢站立的梁龙类恐龙

关于蜥脚类的生理学和生态学，人们依然有许多困惑之处。极长的脖子带来了诸如血压、饮水、吞咽、呼吸和神经传导在内的一系列问题。我个人的观点是，这些遍布全球且存活超过 1.3 亿年的动物肯定演化出了某些极端但有效的结构来解决这些问题。我们认为长颈鹿超乎寻常是因为它们拥有一系列非同一般的颈部特化特征。我认为蜥脚类肯定会更加特化——我要声明，我这么讲对长颈鹿没有丝毫不敬。

从生理学角度看，蜥脚类快速生长（特别是幼年时期）的证据显示它们是内温性的（温血动物）。针对其牙齿的若干同位素研究也显示了它们的内温性。蜥脚类生理的内温性模型也与它们能利用植物能够提供的能量，内脏器官和肌肉产生的热量，气腔系统带来体内的大量空气流动（以及随之吸收的大量氧气），以及可以用来散热的长脖子相符合。一些古生物学家并不喜欢“完全内温性的蜥脚类恐龙”这个概念，而是提出了被称为“惯性恒温”的模型，即蜥脚类仅仅依靠巨大的体形来保持体温。但这并不能解释幼年蜥脚类快速生长的情况，并且这种看法之所以存在仅仅是因为内温性模型有时被认为不合乎情理，因此它看起来更像一种偏见而不是真正的研究。

最后，值得一提的是蜥脚类的生态学作用。几乎可以肯定，蜥脚类是我们口中的生态环境工程师，在中生代的陆地上充当传播者和混合器，它们传播种子，翻开土地并且施肥，修理植物，通过觅食来塑造环境。它们广阔的筑巢地、数量庞大的幼崽，以及死后躯体中包含的能量无疑是中生代食物网的重要组成部分。虽然这些看法值得注意，但大部分都是推测，化石记录还不足以让我们对这样的生态相互作用产生一定见解，也不足以像它们曾经那样重要和影响深远。

从对这个词条简短的介绍中就可以看出，关于蜥脚类的多样性、演化、解剖学、行为学，以及生态学足以写成一整本书。好消息是的确存在这样一本书，我非常推荐马克·哈莱特（Mark Hallett）和马修·韦德尔（Mathew Wedel）在 2016 年出版的《蜥脚类恐龙：巨人时代》（*The Sauropod Dinosaurs: Life in the Age of Giants*）。

另见词条：梁龙类（Diplodocoids）；大鼻龙类（Macronarians）；莫里森组（Morrison Formation）；蜥脚形态类（Sauropodomorphs）；图里亚龙类（Turiasaurs）。

Scansoriopterygids

擅攀鸟龙类

擅攀鸟龙类是来自中国中到晚侏罗世的手盗龙演化支，体形类似今天的鸫鸟或鸽子，体长 20 ~ 30 厘米，头骨较短，指头很长，还有滑翔的翼膜！擅攀鸟龙类在 2002 年进入人们的视野，当时张福成和同事们报道了拥有长尾的树息龙（*Epidendrosaurus*），它可以爬树，是鸟翼类演化支中的早期成员。它来自髫髫山组，一个横跨中晚侏罗世的地质单元。擅攀鸟龙（*Scansoriopteryx*）在差不多同一时间被命名。现在研究者认为它们是同物异名，而且树息龙率先发表。

伸长的第三指表明这些小恐龙可能用它来掏取藏在树洞中的昆虫。这也许并不算一个糟糕的设想，但就像其他的手盗龙类那样，羽毛遍布擅攀鸟类全身，这个设想不符合其指头上长有羽毛的事实。这个类群中的另一个成员，耀龙（*Epidexipteryx*，愿你能顺利读出这个拗口的词）的命名在 2008 年被发表。长长的丝带状结构从短小的尾部伸出，它们看起来很像某些现代鸟类用于展示的羽毛——可能就是用于展示的。如果真是这样，就意味着这具标本已经（或即将）性成熟了。同样，再次强调耀龙只有鸫鸟的大小，这无疑确认了成年的擅攀鸟龙类也体形娇小。

另一个惊喜是2015年描述的奇翼龙（*Yi qi*）。它具有羽毛和这个类群的其他特征，但其第三指上有翼膜，从腕部处伸出了一根骨棒，这个尖刺状的结构帮助支撑了翼膜。这成为手盗龙类尝试演化出膜质翅膀的证据，这个观点此前曾经被多次提出但始终无法得到证实。有关奇翼龙的这个爆炸性的新闻引起了广泛的艺术重建。很多人都把

擅攀鸟科类奇翼龙

这个鸽子大小的笨拙生物描绘成在暗夜中咆哮的黑色死亡之龙，其实它看起来应该更像一只浅灰色的鹦鹉。另一种带有翼膜的擅攀鸟龙类——混元龙（*Ambopteryx*）在 2019 年被首次命名。

擅攀鸟龙类是怎么生活的？短小的头骨、向下的吻部和凸出的牙齿显示它们是食虫的，但也可能是杂食性甚至依靠水果或者种子为生。它们的化石来自森林地带，奇翼龙和混元龙的滑翔翼膜、娇小体形和弯曲的脚爪告诉我们，它们曾经树栖生活。空气动力学研究显示，奇翼龙和混元龙的滑翔能力很差，无法扑翼飞行。因此，并没有充分的理由将它们想象为像“飞鼠”那样在树丛间穿行的角色。也许它们是在杂乱但食物丰富的栖息地短距离跳跃生活的。

正如前面所说的，一些研究认为擅攀鸟龙类是鸟翼类的早期成员。客观地说，目前这依然是主流观点。但也有一些有趣的研究提出它们可能属于其他类群，例如窃蛋龙类。

另见词条： 手盗龙类（Maniraptorans）；窃蛋龙类（Oviraptorosaurs）。

Sereno, Paul

保罗·塞利诺

塞利诺（1957—　）是现代最著名的古生物学家之一，以其在恐龙起源、角龙类、棘龙类和白垩纪鸟类方面的研究工作而闻名。他在纽约哥伦比亚大学跟随龟类研究专家吉恩·加夫尼（Gene Gaffney）和哺乳动物专家马尔科姆·麦坎纳（Malcom McKenna）学习，在他们的指导下攻读博士学位。用角龙类专家彼得·道得森的话来说，塞利诺在蒙古国徒步找寻鹦鹉嘴龙类和他感兴趣的其他角龙类，“作为一名研究生，引起了不小的轰动”。塞利诺在1987年获得了博士学位。塞利诺是20世纪80年代少数将支序系统学（一种严谨地分析演化关系的方法）引入恐龙研究的学者之一。他早期的几篇论文，特别是1986年关于鸟臀类演化的论文，对建立今天我们所使用的恐龙的命名法起到了至关重要的作用。

20世纪90年代早期，塞利诺发表了关于埃雷拉龙和其他三叠纪恐龙、剑龙类、中生代鸟类，以及早期鸟臀类的重要论文。之后他领导了对白垩纪撒哈拉地区恐龙的研究，包括鲨齿龙、棘龙类和蜥脚类恐龙。这些研究的多样

S

性使得他具备了撰写恐龙宏观演化综述的能力，他可能也是目前发表此类文章最多的学者。结合他对支序系统学和命名法的兴趣，不难想象，塞利诺提出了大量演化支的定义和命名。事实上，本书对恐龙的描述很多都归功于塞利诺的发现和论文。

相比其他的古生物学家，塞利诺的工作得到了更多策划巧妙的宣传曝光。《国家地理》和无数电视纪录片展示了他的工作。他被《人物》杂志评选为 1997 年最美的 50 人之一也并非巧合。这肯定是所有古生物学家都渴望的殊荣（开个玩笑，他们并不想）。他在媒体上的表现导致了一些人不喜欢他或者批评他，但事实上他这种强烈的表现欲成就了他，让他成为今天研究经费充足的知名科学家。

塞利诺目前是芝加哥大学的古生物教授和《国家地理·探索者》的常驻作者。最近让他登上媒体的研究是他 2014 年关于棘龙解剖学和生物学的论文，尼扎尔易卜拉欣（Nizar Ibrahim）是该文的第一作者。

另见词条： 鲨齿龙类（Carcharodontosaurs）；埃雷拉龙（Herrerasaurs）；大鼻龙类（Macronarians）；头饰龙类（Marginocephalians）；鸟臀类（Ornithischians）；鸟脚类（Ornithopods）；棘龙类（Spinosaurids）。

Spinosaurids

棘龙类

棘龙类是最引人瞩目也是最具争议的恐龙之一，它们是一群拥有长长头颅的坚尾龙类，一般认为其与斑龙类关系接近。棘龙类最早在 1915 年由恩斯特·斯特莫报道，他描述了来自埃及巴哈利亚地区晚白垩世地层的埃及棘龙（*Spinosaurus aegyptiacus*）。这只巨兽可能有 15 米长，背部高耸的神经棘表明存在背帆。由于当时对这只巨兽的其他部分知之甚少，因此斯特莫认为棘龙可能外形类似斑龙或异特龙。这些化石原本陈列在慕尼黑的巴伐利亚州立古生物博物馆墙上，后在 1944 年 4 月的大轰炸中被毁。

1984 年，法国古生物学家菲利普·塔凯（Philippe Taquet）注意到斯特罗默的棘龙拥有长长的类似鳄鱼的下颌。这一点非常具有先见之明。1986 年，在英国韦尔登地区新发现了棘龙类重爪龙（*Baryonyx*），其化石完整度要胜过之前发现的棘龙。重爪龙没有背帆，但头部看起来的确和鳄鱼非常相似，胃部内容物显示它吃鱼，强壮的前肢和巨大弯曲的指爪看起来也非常适合叉住大鱼。现在普遍认为棘龙是一种在湿地涉水生活、捕食鱼类的恐龙。这是我们第一次看到棘龙类的完整骨架，它看起来与斯特罗默当年的重建截然不同。

后来在北非的一些国家以及西班牙、葡萄牙、巴西、老挝陆续被发现的棘龙类化石表明，它们在早白垩世和晚白垩世的早期曾经广泛分布，可能在距今约 9500 万年时灭绝。澳大利亚发现过一块可能来自早白垩世的棘龙椎体，在非洲坦达古鲁学者仅仅依据牙齿命名了晚侏罗世的东非龙（*Ostafrikasaurus*），尼日尔也报道过可能属于中侏罗世棘龙的化石（尚未正式命名）。这些发现都表明棘龙曾经分布在欧洲、亚洲，以及整个南方冈瓦纳古陆，但目前还不清楚它们是否是从冈瓦纳迁徙到了欧洲（和东亚），抑或是从欧洲迁徙到了南方。

棘龙类可以分为两大类，来自欧洲和非洲的重爪龙族（baryonychines，缺少背帆而且下颌牙齿数量较多），以及来自非洲、亚洲、南美洲和欧洲的棘龙族（spinosaurines，拥有背帆和回缩的鼻孔）。棘龙类演化历史的最早期阶段依然扑朔迷离，目前还没有发现介于它们和其他坚尾龙类之间的化石。来自英国中侏罗世的真扭椎龙可能很接近棘龙的起源，因为它具有拉长的面部且上颌边缘有一个缺口。也有研究认为真扭椎龙属于斑龙类，那样它就不可能

一只正在休息的棘龙

是棘龙的祖先了。

棘龙的形象在斯特莫之后经历了天翻地覆的变化。2014 年，尼扎尔·易卜拉欣和同事们提出，它其实后肢短小，爪趾带蹼，腰带缩小，而且尾部灵活。这些特征，再加上厚重的骨壁，表明棘龙是一种水生的游泳恐龙，复原显示它在陆地上时可能依靠四足行走。这种对棘龙的复原依然充满争议，因为人们担忧复原中使用的骨骼化石并不来自同一个物种。已经有很多文章来讨论这一点了，这可能是 21 世纪早期恐龙研究中最富争议的话题。

无论结果如何，学界大部分人都认同棘龙类主要捕食水生猎物。在它们化石的出土地点同样发现了很多大型鱼类，同位素数据也将它们与水生资源联系在一起。事实上棘龙的面部可能与鳄鱼类似，但和它们最相似的鳄鱼是广谱捕食者，也就是同时狩猎陆生和水生的猎物，所以认为棘龙特化为完全捕食鱼类的观点可能也不正确。

关于棘龙还有很多值得说道的地方，足够再写一本书了。在写作本书时，学者们正在研究来自英国南部的令人惊喜的棘龙类化石，它或将带给我们关于这个有趣类群的更多生物学和解剖学信息。

另见词条： 坚尾龙类（Tetanurans）；韦尔登（Wealden）。

Stegosaurs

剑龙类

剑龙类是主要生活在侏罗纪和早白垩世的装甲龙类，以颈部、背部和尾部成对的尖刺和骨板而闻名。剑龙的意思是“有顶的蜥蜴”，这个名字是奥塞内尔·马什在 1877 年选择的，他当时认为那些骨板会组成乌龟壳一样的结构。剑龙属是已知的大约 24 种剑龙类物种中最有名的，体长 7 ~ 9 米在晚侏罗世的美国和葡萄牙有化石记录，在背部拥有两排骨板，在尾巴末端有两对骨刺。令人称奇的是，它背部的骨板并不左右对称，而是交错排列的。剑龙属可能是剑龙类中的异类，其余大部分物种体形较小（4 ~ 6 米长）且拥有更多骨刺，或者说具有锥形的骨板，而不是巨大而扁平的骨板。

剑龙的后肢比前肢长，臀部宽阔，这暗示了它们拥有发达的消化系统而且通过后肠发酵的方式来消化食物。剑龙的头骨后半部分通常宽而深，但前半部分狭窄（一些物种较浅）。剑龙的牙齿很小，齿冠形状像带有锯齿的树叶，计算机模拟显示它们的咬合力类似于食草动物。这些特征显示剑龙可能会选择性取食距地面大约一米以内的枝叶。曾有人提出它们或许可以依靠后肢站立，如果这种设想成立的话，那么它们也许可以取食 3 ~ 4 米高处的食物。

老式的复原和博物馆骨架装架将剑龙塑造成弓背的姿态，颈部和尾巴向下，头部紧挨地面。关联的化石骨架和现生生物的姿态显示这样的复原并不正确，其尾巴应该接近水平而远离地面，颈部向上扬起，头部可能与背部保持在同一水平或者更高。剑龙的颈部并不短，甚至一些物种的脖子可以算是比较长的，例如来自葡萄牙的米拉加亚龙（*Miragaia*）。

剑龙类

S

剑龙的骨板一直饱受争论，也始终是恐龙中极端结构的代表。从位置来看，这些骨板不太像用于防御。剑龙的骨板可能用于温度调节的猜想比较有趣，因为动物中可以找到各式各样的散热结构（头冠、耳朵、角、喉扇等）。然而，剑龙类的不同类群在大小、形态和骨板数量上存在巨大差异，且骨板的生长速率远高于身体其他部分，这些都显示骨板可能是一种装饰结构，用于显示个体的成熟和身体情况。它们可能拥有夸张的图案、颜色的鲜艳，我们也许可以想象在交配季节的剑龙大胆地炫耀着自己的身体。

剑龙尾部末端的尖刺肯定是某种武器，可能用于争夺交配权或是抵抗捕食者。一些兽脚类恐龙的骨头上有洞，这显示它们可能曾被剑龙的尾刺所伤，计算机模拟发现这些尾刺可以灵活地左右摆动，在垂直方向也有很大活动空间。在 1982 年的一幅卡通画里，漫画大师盖里 · 拉森（Gary Larson）异想天开地将剑龙带尖刺的尾部末端称为“撒格米泽”（thagomizer），这个名字源于盖里 · 拉森创作的系列漫画《远方》（*The Far Side*）中编造的穴居人名字。其中一些生活时代明显有误的穴居人正在学习有关剑龙的知识，从中我们可以看到他们按照“撒格西蒙斯”来命名尾部的尖刺。一些恐龙专家认为这个名字足够实用而且易于记忆，可以将它作为正式的学术用语。另一些人，例如剑龙专家苏西 · 梅德蒙（Susie Maidment）认为这实在愚蠢可笑，不应该使用它。我自己则是随大流，无所谓。

另见词条：装甲龙类（Thyreophorans）。

S

Sue

苏

苏是仅有的少数几件恐龙化石，作为个体被大众熟知。伦敦自然历史博物馆的梁龙迪皮（Dippy the *Diplodocus*）算是一个，霸王龙“苏”是另一个。苏现在被收藏于芝加哥的菲尔德博物馆，它的故事可是跌宕起伏。虽然有个女性名，但活跃在推特上的苏的性别是中立的。取名的时候人们认为这具标本是雌性，女性名“苏”也就这样延续下来了。

苏的故事始于 1990 年 8 月，当时商业化石收藏家苏·亨德里克森（Sue Hendrickson）在南达科他州的黑山地区发现了异常完整的巨大的霸王龙化石。亨德里克森找到时任黑山研究所负责人彼得·拉森，让他安排了化石发掘。随后，土地所有者，一位苏族印第安人莫瑞斯·威廉姆斯（Maurice Williams）称化石应归他所有，这也导致了一场争夺所有权的冲突，催生了一篇标题离谱的文章——《苏为苏诉？》（*Will the Sioux Sue for Sue*）随后，这具化石标本在联邦调查局突击检查黑山研究所的时候被没收，之后又转移到南达科他州矿业技术学院。

再之后就是漫长的官司，直到 1997 年 10 月 4 号苏被判决拍卖处理。

因为担心苏可能就此流入私人收藏家手中而消失，菲尔德博物馆组织了一个包括独立个人、迪士尼、麦当劳以及加州州立大学的委员会，最终出价 830 万美元，成功将其拍下。拍卖开始短短 10 分钟后，就达成了交易。苏也就此成为公共资产。

之后便是长达数年的化石清修，菲尔德博物馆和位于奥兰多的迪士尼乐园动物王国专门设计建造了实验室。2000 年，这具正式编号为 FMNH PR2081（学着点，这可比“苏”酷多了）的骨架被安放在菲尔德博物馆的主展厅入口处。古生物学家克里斯 · 布罗楚（Chris Brochu）为这具标本撰写了完整的解剖学描述，并在 2003 年出版。现有证据显示，关于这具标本的某些观点站不住脚，例如性别为雌性，保留了来自其他霸王龙的咬痕甚至脱落的牙齿碎片，以及附近发现了一两只它的幼崽，等等。布罗楚的研究最终成功地记录了霸王龙详尽的解剖结构。无论你是否相信，这是前所未有的创举。

从 2018 年起，苏从博物馆大厅被挪到了一个独立展厅，骨架也经过重新装架，其中最明显的变化是加上了完整的腹部肋骨，或者简称“腹肋”。这样可以将它体腔的深度展现出来，之前的陈列方式并不便于观察它庞大的躯干。

另见词条：霸王龙（*Tyrannosaurus rex*）。

S

T

Tendaguru

坦达古鲁

位于坦桑尼亚的坦达古鲁地区是全球十大中生代恐龙化石点之一（目前为止也是非洲大陆最好的），保存了丰富的晚侏罗世恐龙化石，其中包括兽脚类的轻龙（*Elaphrosaurus*）、腕龙类的长颈巨龙、梁龙类的叉龙（*Dicraeosaurus*）、剑龙类的钉状龙（*Kentrosaurus*），以及鸟脚类的难捕龙（*Dysalotosaurus*）。残缺的化石碎片表明这里可能还存在棘龙类、鲨齿龙类、图里亚龙类和马门溪龙类等。

这里的生物组合和美国的莫里森组大致接近。在20世纪的很长时间内，一种流行的观点就是这两处（以及两处之间的地区）拥有同样的恐龙种类。最近的研究工作则显示出更复杂的模式，两地的物种并没有这么相似。两地的化石可能在较大的类群上，有重叠（例如腕龙类、剑龙类和橡树龙类），但在属一级上存在区别。事实上，坦达古鲁与莫里森组的恐龙生活时代已经分离超过2000万年，因此它们确实大不一样。

坦达古鲁包含恐龙的沉积地层——坦达古鲁组十分

坦达古鲁的腕龙类长颈巨龙

厚实，它代表了中侏罗世到早白垩世之间 3500 万年的漫长历史，其中的恐龙主要来自晚侏罗世的启莫里期和提通期，距今 1.57 亿 ~ 1.45 亿年。

尽管有关坦达古鲁恐龙被发现的背后故事已经讲了很多次，但一些关键信息往往被忽略了。在 20 世纪早期，坦桑尼亚曾是德国殖民地德属东非的一部分，一般的说法认为德国工程师伯恩哈德·威廉·萨特勒（Bernhard Wilhelm Sattler）于 1906 年率先在这里发现了恐龙化石。德国人在 1909—1913 年组织的考察中收获了大量恐龙化石标本，它们全部被运回了柏林，并且在两次世界大战之间经济极端困难的情况下完成了装架，成为柏林自然博物馆的核心展品。“一战”之后，坦桑尼亚的所有权从德国“转移”到英国（改称“坦噶尼喀”）。随后不久，英国也组织了去往坦达古鲁的考察队。他们发现了更多的恐龙，但直到近年这些发现才真正发表。

今天，除了掠夺坦桑尼亚的古生物宝藏，很难为这些欧洲人的殖民行径赋予更多意义，要求归还这些化石的呼声也日益强烈。在本书写作时，谈判正在进行。同样，将坦达古鲁的发现彻底归功于德国人的运气和财力的说法也完全站不住脚，这种说法刻意抹杀了当地居民的贡献。他们并不是没有发现这些化石，相反，他们在宗教仪式上常使用化石，也是他们带领欧洲人去往化石发现地点的。

吉尔哈德·梅尔（Gerhard Maier）于2003年出版了《发掘非洲的恐龙》（*African Dinosaurs Unearthed*）一书，该书很好地总结了坦达古鲁地区化石发掘的历史。这本令人印象深刻的重量级著作通过惊人的细节重现了当年的挖掘活动，据称原稿甚至有最终出版版本的两倍长。

另见词条：腕龙类（Brachoisaurids）；莫里森组（Morrison Formation）。

Tetanurans

坚尾龙类

坚尾龙类是兽脚类的一个主要支系，与角鼻龙类构成姐妹群，包括斑龙类、异特龙类、虚骨龙类等。坚尾龙类这个名字是雅克·高蒂耶在1986年的研究中提出的，这项研究使我们建立了对恐龙演化的现代理解。“坚尾”这个名字的意思是“僵硬的尾巴”，描述的是尾椎骨上相互重叠以加固其后部大约三分之一部分的凸起结构。巴克在1986年提出了“恐龙鸟类”（Dinoaves）一词，用来描述同一类动物的名字，但始终没有被采用。

坚尾龙的典型特征如下：牙齿全部位于眼眶前方，吻部的气腔开口相比原始兽脚类恐龙更加发达，第四指退化，前爪较长，肩胛骨纤细，等等。当然，这些特征中有很多在某些支系中经历了变化。值得注意的是，我们通常会将典型的坚尾龙类想象成体长7米左右，类似斑龙或者异特龙的大型捕食性动物，但这个支系包括了虚骨龙类，它们在体形、外貌和生活方式上的多样性比其他所有兽脚类恐龙加起来还要丰富。

坚尾龙类的尾部长有侧面伸出的骨质突起结构“横

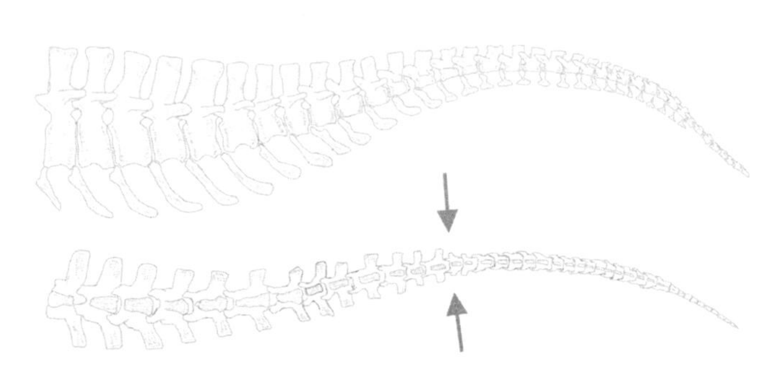

一具坚尾龙尾部骨骼侧视图（上）与俯视图（下），俯视图展示了转折点的位置

突”，其长度比其他恐龙支系中的横突长度更短。横突消失的地方被称作转折点，在坚尾龙类的演化过程中，这个点位越来越靠近躯干。转折点的位置与尾股肌的延伸范围有关。尾股肌是一块很大的肌肉，连接了股骨的第四转子和尾部的下表面，在运动中可以将大腿向后拉。尾股肌的缩短在虚骨龙中尤其明显。慢慢地，整根尾巴都退化了，直到鸟类将其演化到极致。

就最初的含义来说，“坚尾龙类”一词等于“斑龙类、异特龙类、虚骨龙类”，角鼻龙类并不是其中之一。但近年来出现了将角鼻龙中的阿贝力龙类等归入坚尾龙类的趋势。我觉得这可能不太好，但也不算坏。

另见词条： 异特龙类（Allosauroids）；角鼻龙类（Ceratosaurs）；虚骨龙类（Coelurosaurs）；斑龙超科（Megalosauroids）。

Therizinosaurs

镰刀龙类

镰刀龙类又可以称为“镰刀龙超科”，是最特殊的虚骨龙类演化支，因为太不寻常，甚至被描述为刻意设计出的恐龙。今天，我们知道镰刀龙类属于手盗龙类，并且很可能是其中最古老的演化支。借助在中国辽宁发现的北票龙（*Beipiaosaurus*），我们知道镰刀龙类长有羽毛（正如其他手盗龙类一样），甚至可能拥有由毛发状细丝形成的毛茸茸的外貌，羽毛中可能还有凸出的刺状结构。它们小小的叶状牙齿和吻部的喙适合树叶为主的食性，不过它们也有可能取食真菌、昆虫和水果。

镰刀龙类的身体比例很怪异。它们通常拥有较长且结实的脖子、宽阔的骨盆、粗壮的后肢、宽大的爪掌和短短的尾巴。这些特征显示它们相较于其他恐龙在姿态上更接近直立。它们可能是植食动物，会使用巨大的指爪来取食高处的植物。除此之外，指爪也可能用于防御或是展示。

这就是目前我们对这些动物的看法。我们用了几十年达到这种认识程度，其间的故事也十分有趣。最初，俄罗斯古生物学家叶夫根尼·马列夫（Evgeny Maleev）在20世纪50年代根据肋骨、后爪骨骼和一些粗壮的指爪（最长的可达70厘米）描述了一种晚白垩世的爬行动物。他将其命名为“龟形镰刀蜥蜴”（*Therizinosaurus cheloniformis*，意为龟一样的镰刀蜥蜴），并且认为这

T

是一种水生的类似乌龟的动物。1970 年，另一位俄罗斯古生物学家安纳托列·罗日杰斯特文斯基（Anatole Rozhdestvensky）意识到“镰刀蜥蜴”是一种兽脚类恐龙，可能依靠食蚁为生，会使用长长的爪子来打破昆虫的巢穴。镰刀龙类食蚁的观念延续了很长时间，但并不符合大量的数据（特化的食蚁动物比镰刀龙类小巧得多，而且拥有镰刀龙类不具备的很多头部特征）。

镰刀龙

来到20世纪80年代，瑞钦·巴斯钵（Rinchen Barsbold）和阿勒坦格列尔·珀尔描述了一类来自晚白垩世蒙古国的恐龙，将它们称为“慢龙类”（segnosaurs）。其中包括以完整头骨命名的死神龙属（*Erlikosaurus*），以及依据下颌、肢骨、腰带和一些椎体命名的慢龙属（*Segnosaurus*）。巴斯钵和珀尔认为慢龙类的喙、细小的牙齿和宽阔的后爪表明它们是捕食鱼类的两栖动物。1982年，珀尔提出镰刀龙也是一种慢龙类，因而镰刀龙超科而非慢龙类才是这个演化支最古老的名字。

镰刀龙类宽阔的后爪与其他兽脚类恐龙非常不同，正是这个事实导致格雷格·保罗在1984年对当时流行的兽脚类假说提出了不同意见。保罗认为镰刀龙类其实更像板龙那样的蜥脚形态类，但又拥有类似鸟臀类的下颌和踝关节。因此，他提出镰刀龙类其实是蜥脚形态类—鸟臀类演化过程中的子遗。当然只有当你接受了植食恐龙分类的假说时，这种说法才有意义。这样的假说并没有得到太多支持，也和当时主流的恐龙系统发育观点相悖，但保罗对镰刀龙类的解剖学重建几乎将它们改造成了带有喙和巨大指爪的板龙，这种形象出现在好几本书中，并且成为当时公认的形象。

到了20世纪80年代晚期，几位学者提出了蜥脚形态类和镰刀龙类有亲缘关系的看法，但最终还是镰刀龙类属于兽脚类的假说占了上风。1993年戴尔·罗素和董枝明在对中国镰刀龙类阿拉善龙（*Alxasaurus*）的描述中，认可了这些恐龙属于兽脚类，而且令人意外地靠近手盗龙类。镰刀龙类属于手盗龙类的假说也得到了之后的研究和化石发现的支持，例如1999年发表的北票龙和2005年发表的美国犹他州早白垩世的铸镰龙（*Falcarius*）。铸镰龙很有趣，它的身体比例更接近标准虚骨龙类而不是其他镰刀龙类。

罗素有可能在系统发育上找到了“镰刀龙类的正确位置”，但他在1993年试图重建镰刀龙的外观和习性时又提出了一个有趣的想法。在与唐纳德·罗素（Donald Russel）和艺术家伊利·基什（Ely Kish）的合作中，戴尔提出镰刀龙类与一类带有爪子和长长前肢的哺乳动物——爪兽存在趋同演化。当把不同镰刀龙化石标本拼合到一起时来估计其体形时，他们提出镰刀龙可能没有牙齿，拥有短粗的躯干和后肢、不成比例的长脖子，以及长长的可触及地面并用于支撑的爪子。他们将镰刀龙描述为一边坐着一边伸长脖子搜寻食物的样子。这肯定是一个有趣的复原，但最多只能算大致正确。

关于镰刀龙类的生物学特征只有有限的直接证据，如已经发现的胚胎、蛋还有足迹。唉，除了我们已经推测出的东西，这些发现没能告诉我们更多信息。2013 年一项关于死神龙咬合力的研究结论认为它们咬合力很弱，上下颌大部分时候只能剥下和切割树叶。

如果镰刀龙类是手盗龙类中最古老的支系，它们至少应该在中侏罗世就已经出现（因为我们知道鸟类的早期成员那时已经出现）。在本书写作时，我们对侏罗纪的镰刀龙类还一无所知。来自中国西南地区、仅发现了部分下颌的峨山龙（*Eshanosaurus*）可能是早侏罗世的镰刀龙类。但这具标本的身份还有待考证。一些人认为它属于一种蜥脚形态类恐龙，但是它也可能来源于白垩纪而不是早侏罗世的沉积。如果它真的是早侏罗世的镰刀龙类，那么就意味着手盗龙类和虚骨龙类演化中的几个重大事件其实发生在侏罗纪的前半段，这比一般认为的要早很多。

另见词条：虚骨龙类（Coelurosaurs）；手盗龙类（Maniraptorans）；植食恐龙类（Phytodinosauria）。

T

Theropods

兽脚类

兽脚类恐龙包含了肉食性恐龙（尽管不是所有的兽脚类都是肉食性的，请往后看）和鸟类，它们的主要特征是具有狭窄的类似鸟类的脚爪。相较于其他恐龙类群，兽脚类的头骨中具有更多的气腔结构，具有叉骨，以及第五指缩小或者退化的前肢。这些特征并非在所有的物种中都存在，而是在不同演化支中经历了各种修改或者丢失。兽脚类一直存活到现在，因此也是延续时间最长的恐龙支系。鸟类的多样性、生物量和分布的广泛性使得兽脚类可以被称为“最成功的”恐龙演化支。

兽脚类的典型形象类似侏罗纪的斑龙或异特龙，它们是双足行走的大型捕食者，拥有窄而深的头骨、弯曲且带有锯齿的牙齿，前肢肌肉发达，中间三指带有巨大且弯曲的指爪，其中最大的指爪在第一指上。一般而言，兽脚类的颈部灵活而且强壮，双腿则适合长时间的行走或奔跑，腰带狭窄而且很深，耻骨向前下方延伸，有时两侧耻骨的末端联合还会形成靴子形状的结构。在兽脚类的演化历史中，这些特征逐渐发生了改变。一些物种演化出了极长的

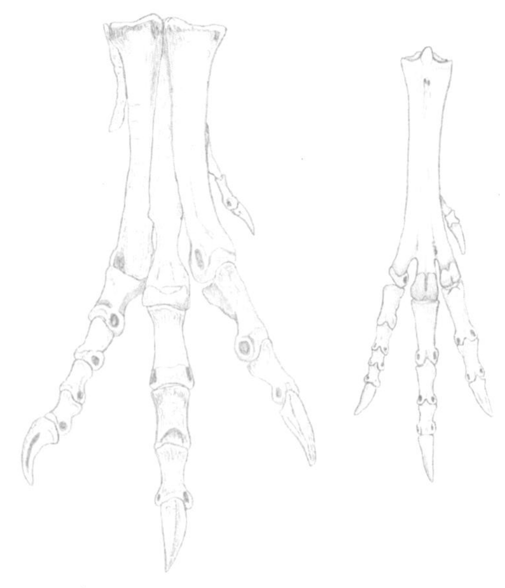

霸王龙（左）和几维鸟（右）的足部骨骼

前肢（这一趋势在鸟类翅膀演化中达到顶峰），还有些演化出短腿或者宽阔的腰带，指向后下方的耻骨（例如鸟类）。牙齿退化也出现了好几次。

最古老的兽脚类恐龙可能是几种来自三叠纪的小型原始物种，例如来自阿根廷的曙奔龙（*Eodromaeus*），其体长大约 1 米，前爪可抓握，体态轻盈，头骨接近长方形。兽脚类的其他支系，比如角鼻龙类和坚尾龙类等，就是从这种外形的动物中演化而来的。坚尾龙类拥有僵硬的尾部，包括了绝大部分的兽脚类物种。坚尾龙类包括了一系列中到大型肉食性恐龙，例如斑龙类、异特龙类及虚骨龙类。虚骨龙类演化支则包含了其余类似鸟类的坚尾龙类以及鸟类。上述提到的类群在本书中都有独立词条。

像斑龙和异特龙那样的“典型”兽脚类恐龙会使用牙齿和有力的上下颌来撕咬猎物。它们可能在进食前割破撕裂猎物的躯体来削弱猎物的体力。有力的前肢和弯曲的指爪也可能用于杀伤猎物。在兽脚类的演化历史上也出现了其他多种捕食方式。头颅类似鳄鱼的棘龙类很可能会捕捉陆生动物，同时也捕鱼；暴龙类演化出强大的咬合力，可以直接咬碎骨头；另外一些没有牙齿、颈部灵活的虚骨龙类可能取食植物或者小型猎物；还有一些虚骨龙，例如伶盗龙和它的近亲则使用它们带有尖爪的灵活后足作为主要武器。鸟类演化出了史无前例的捕猎和进食策略，包括使用特化的吻部滤食，以水果为食，在泥土中翻找食物，食虫等，甚至还有伶盗龙那样锋利的后足。

另见词条： 异特龙类（Allosauroids）；角鼻龙类（Ceratosaurs）；虚骨龙类（Coelurosaurs）；斑龙超科（Megalosauroids）；坚尾龙类（Tetanurans）。

Thyreophorans

装甲龙类

带有装甲和骨板的鸟臀类恐龙，甲龙类和剑龙类以及它们的近亲被统称为装甲龙类。大部分装甲龙类都是四足行走的（个别例外），它们都是植食性动物。四足行走的例外是这个家族中最古老的成员，其中也包括来自美国早侏罗世的小盾龙（*Scutellosaurus*），一种体形轻巧、仅有轻薄装甲的长尾恐龙。另外一个可能的例外是小型双足行走且无装甲的莱索托龙（*Lesothosaurus*），它来自南非的早侏罗世地层。莱索托龙在 2008 年的一项研究中被归入装甲龙类中接近起源的位置。如果这是正确的，那么就意味着并不是装甲龙类都具有装甲。

除莱索托龙以外，装甲龙类都具有平行排列的角质包裹的骨头，也叫作皮内成骨，它们位于颈部、躯干和尾部的上方和侧面。在演化过程中，这些结构经历了天翻地覆的变化，于是有的装甲类分支形成了肩部巨大的尖刺、背部高耸的骨板，以及其他各种结构。很明显，如此多样化的特化皮内成骨并没有统一的功能。其中一部分，比如在许多甲龙类身上紧密排列的三角形皮内成骨，可能用于抵御兽脚类恐龙，也可能用于求偶展示或者打斗、收集或者散发热量、伪装，甚至是挖掘和觅食。犀牛、鹿和大象分别使用犀角、鹿角和象牙来折断树枝或劈开树干，装甲龙类也可能以相似的方式来使用它们的尖刺和骨板。

19 世纪以来，人们已经发现了许多装甲龙类。事实上，来自英国早侏罗世的腿龙是理查德·欧文在 1859 年依据一具完整的关联骨架命名的，这是人类发现的第一种非鸟类恐龙，当时“恐龙”还是一个十分新鲜的概念。腿龙基本上可以视作体重更大、装甲更厚的大号小盾龙（腿

腿龙

龙的体长大约是4米，小盾龙则为1.2米），在分类上可能接近剑龙类和甲龙类的起源位置。这两个类群在19世纪和20世纪早期常常被混淆，一种流行的观点是，甲龙类其实是遗存的剑龙类。今天，我们认为剑龙类和甲龙类拥有一个共同祖先，大约生活在距今1.75亿年前的早侏罗世。

在20世纪的学界主流看来，装甲龙类作为一个整体的演化位置是鸟臀类的早期分支，当时鸟臀类还被当作鸟脚类。1915年，匈牙利贵族、古生物学家佛朗茨·诺普札男爵（Baron Franz Nopcsa）提出，甲龙类、剑龙类和角龙类应该一同归入装甲龙类。他的提议直到20世纪80年代才受到重视。1984—1986年发表的其他若干研究"重新发现"了装甲龙类，但并没有将角龙类包括在内。更多近期的研究确认了这种观点，将装甲龙类作为鸟臀类中的一个重要分支，与头饰龙类和鸟脚类构成的另一分支极为不同。

另见词条：甲龙类（Ankylosaurs）；鸟臀类（Ornithischians）；剑龙类（Stegosaurs）。

Titanosaurs

泰坦龙类

泰坦龙类是物种最多、最成功、分布最广的蜥脚类演化支。泰坦龙类的名字来源于泰坦龙属（*Titanosaurus*），是 1877 年根据一块来自印度晚白垩世的尾椎命名的。这块椎体非常有趣，形态上属于前凹型，也就是前方凹陷而后方凸出，这意味着脊椎骨之间存在球窝关节。鉴于这个发现，人们认为泰坦龙类具有灵活甚至可以卷曲的尾巴。但这种观点今天已经不再流行，因为他们忽略了其肌肉和骨骼周围的其他组织。类似的脊椎还在英国、法国、阿根廷等多地发现，代表了若干泰坦龙类物种。不过，泰坦龙属这种最初的泰坦龙类现在已经不被视为有效的类群了。

好消息是，这个演化支中的其他物种依然家喻户晓，其中有些具有前凹型尾椎，有些则没有。该演化支的成员还有来自马达加斯加的掠食龙（*Rapetosaurus*）、阿根廷的萨尔塔龙（*Saltasaurus*），以及蒙古国的后凹尾龙（*Opisthocoelicaudia*）。形如其名，后凹尾龙正是根据其尾椎的结构命名的。它们是后凹形的，也就是尾椎后方凹陷而前方凸出，和泰坦龙属标本的情况正好相反。上述所有的泰坦龙类都来自晚白垩世，但我们知道在巴西、马拉维及欧洲可能存在早白垩世的类群。

因为泰坦龙类的大部分成员都来自冈瓦纳古陆，一般认为这个演化支起源于南半球，直到白垩纪末期才迁徙到北半球（独立迁徙到北美、欧洲、亚洲）。然而，随着来自欧亚大陆早白垩世的化石记录逐渐增加，这种观点受到了挑战。在本书写作时，这个问题还没有确凿的结论。

泰坦龙类家族的演化树也很令人困惑。一系列原始的物种带有相对简单的椎体，例如安第斯龙类（andesauroids）及其近亲，它们都没有被划入岩盔龙类（Lithostrotia）。岩盔龙类包括了那些皮肤带有骨质小块，也就是皮内成骨的物种（这个名字的意思正是"镶嵌着石头"，后文将进一步讨论）。在岩盔龙内部有若干不同的次级分类，其中被提及最多的是隆柯龙类（Lognkosauria）和萨尔塔龙科（Saltasauridae）。隆柯龙类的成员都拥有庞大而阔厚实的脊椎，萨尔塔龙科则包括了一些小到中型的南美物种，可能还有北美的阿拉莫龙（*Alamosaurus*）和亚洲的后凹尾龙。

泰坦龙类的物种体形差异巨大，最小的可能和今天的牛、马相仿，最大的则是所有蜥脚类中最大的。阿根

巨大的泰坦龙类巴塔哥泰坦龙

廷龙、巴塔哥泰坦龙、南方巨像龙，以及其他巨龙（可能都属于隆柯龙类）体长大约 30 米，体重 40 ~ 100 吨。大多数泰坦龙类的躯干和臀部都很宽阔，与其他蜥脚类相比，其前后肢的间距更大。这一点也通过叫作“宽距姿态”的足迹得到证实。肢骨的形态和肌肉附着点的位置显示泰坦龙类相对灵活，可以在丘陵地带移动，还可以通过后肢双足站立。

泰坦龙类在头骨形态、四肢比例，以及颈部和尾部的长度上变化多样。保存完好的头骨十分罕见，但现有的化石显示泰坦龙具有圆润宽阔的吻部，与头骨后方相比要扁很多。一些物种牙齿纤细，形似铅笔；另一些物种则具有宽阔的牙冠。正如上文所说，岩盔龙类的成员在背部和躯干侧面具有椭圆或者圆形的皮内成骨。这些结构的功能目前还不得而知。它们可能用于防御，但也有观点认为它们其实是储存钙质的结构，在恐龙产卵期（特别是雌性个体）发挥作用。

另见词条：大鼻龙类（Macronarians）。

Turiasaurs

图里亚龙类

图里亚龙类是一个最近才建立的蜥脚类演化支，之前被认为局限在侏罗纪的欧洲。图里亚龙类的名字来自图里亚龙（*Turiasaurus*），这是一种来自西班牙晚侏罗世的恐龙，于 2006 年发表时获得了大量媒体关注。它体长大约 30 米，是最巨大的蜥脚类恐龙之一。但是它竟然发现于西班牙，而不是通常认为的盛产巨型蜥脚类的阿根廷。图里亚龙有巨大的鼻孔，肱骨顶端有巨大骨质冠，脊椎缺少其他蜥脚类具有的骨质支撑结构和其他结构。这些特征表明，图里亚龙并不属于新蜥脚类（一个包括梁龙类和大鼻龙类的演化支）。但巨大的鼻孔确实让它看起来像大鼻龙类，或许它就是这个类群的一种。

图里亚龙的牙齿类似刮铲，位置靠后的牙齿具有不同寻常的牙冠，它们看起来有点像倒置的心脏，心尖的位置就是牙冠的最高点。

洛西亚龙（*Losillasaurus*）和加尔瓦龙（*Galveosaurus*）这两种西班牙的蜥脚类恐龙也可能属于图里亚龙类。葡萄牙的赛比修斯基龙（*Zby*）在 2014 年被命名，是图里亚龙类的第四个物种。图里亚龙有可能是伊比利亚半岛的特有物种吗？这似乎与当时这个地区的群岛格局相符，但情况并不是这样的。现在我们已发现了来自英国中侏罗世、瑞士晚侏罗世、美国早白垩世的图里亚龙，甚至来自坦达古鲁的坦达古鲁龙也是一种图里亚龙类（尽管它在之前被视为泰坦龙或泰坦龙的近亲）。来自中侏罗世的图里亚龙类显示，它们在潘基亚超大陆破碎前就已经出现，因此可能是全球分布的。

另见词条：梁龙类（Diplodocoids）；大鼻龙类（Macronarians）。

T

Tyrannosauroids

暴龙超科

暴龙超科属于虚骨龙类演化支，包括了霸王龙及其体形巨大、上臂短小的近亲，以及一些体形更小但上臂更长物种，有时也被称为霸王龙类。最为人熟知的暴龙类物种来自晚白垩世，但是更古老的暴龙超科物种可以追溯到中侏罗世。这些更古老的物种包括来自英国的原角鼻龙

（*Proceratosaurus*）和俄罗斯的蜥状龙（*Kileskus*），它们都属于原始的演化支——原角鼻龙科，该分支的大部分甚至全部成员都具有鼻角或者鼻冠。

暴龙超科物种的主要特征包括：上颌前部的犬齿状牙齿，吻部中央上方加厚，以及修长的后腿。它们的演化中出现了几个大趋势，比如体形增大，头骨变得更大更有力，前肢尺寸缩短，从原始的三指变为两指。这些变化暗示了它们更加依靠下颌和牙齿咬合，同时减少了前肢的依赖。如果认为这种趋势存在于所有的暴龙演化支，则是一种误导。几种中等体形的暴龙超科物种，例如来自美国新泽西州晚白垩世的伤龙（*Dryptosaurus*，大约 7.5 米

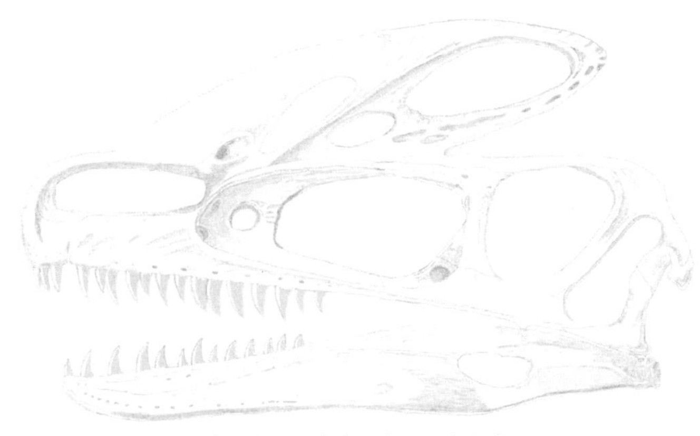

有头冠的原角鼻龙类冠龙的头骨

长）保留了恐怖且强大的前肢。在来自中国辽宁省的帝龙（*Dilong*）和羽王龙（*Yutyrannus*）身上发现了长长的纤维状结构，因此一部分暴龙可能是毛茸茸或者长有羽毛的，不过像霸王龙这样的巨兽是否也属此类目前还不得而知。

来自侏罗纪和早白垩世的暴龙超科物种通常不超过3米长，一般是“中级”捕食者，生活在斑龙类和异特龙类统治的生境中。在大约9500万年前的异常灭绝事件消灭了这两个类群，从而使暴龙超科得以演化出更大的体形并占据顶级捕食者的角色。它们的登顶并没有依靠个体努力，而是特殊时代背景下的产物，这真是遗憾啊。

20世纪90年代以前，一般认为暴龙超科和异特龙类关系接近，因为两者都具有比例巨大的头骨等特征，它们被一同归入肉食龙类。然而，暴龙超科事实上更接近似鸟龙类和其他体态更轻盈的兽脚类，在它们带有气腔结构的脊椎和比例苗条的后爪可以得见。因此在1996年出现了不同的观点，将它们归入虚骨龙类。这种观点可以追溯到20世纪20年代的弗雷德里希·冯·休尼，美国的威廉·马修和巴纳姆·布朗也独立提出过，但是在20世纪中期这种观点就不流行了。之后的很多研究又重新确定了暴龙超科作为最古老的虚骨龙类演化支之一的地位。

2001 年后的一系列迅速发现让暴龙超科的演化树变得混乱。包括了侏罗暴龙（*Juratyrant*）、帝龙、始暴龙等小型侏罗纪和早白垩世物种的演化支将原角鼻龙科排除在外，却包括了体形更大的真暴龙类。真暴龙类包括了几种中等体形的北美物种，以及暴龙科。而暴龙科包括了北美洲的阿尔伯塔龙族，拥有长长吻部的亚洲的分支龙（*Alioramus*），北美洲的强壮的惧龙（*Daspletosaurus*）和霸王龙，以及亚洲的特暴龙（*Tarbosaurus*）。冈瓦纳古陆神秘的兽脚类演化支大盗龙可能也是暴龙超科的成员。关于大盗龙类还有很多值得讨论的地方，本书中有专门的词条介绍它们。

另见词条： 虚骨龙类（Coelurosaurs）；大盗龙类（Megaraptorans）。

T

Tyrannosaurus rex

霸王龙

霸王龙是可以用拉丁双名法称呼的物种，红尾蚺（大蟒蛇）算一种，另一种就是霸王龙。

霸王龙的出名某种意义上是一个偶然事件。它的化石在古生物研究历史的早期就被发现了，被热切宣传自己发现的科学家研究（说的就是它大名鼎鼎的命名者亨利·奥斯本），被当时世界上最有名、经费最充足的博物馆研究（纽约的美国自然历史博物馆），还得到了一个有趣、易于记忆且短小精悍的好名字。霸王龙的名字在 1905 年被正式发表，最初发现的霸王龙标本有两具，分别来自美国怀俄明州和蒙大拿州，是著名的化石收集者和科学家巴纳姆·布朗发现的。

可以说，霸王龙足以配得上它的名气。它毫无疑问是一种令人敬畏的动物，是一个拥有可怕咬合力的力大无比

霸王龙

的巨兽，足以杀死并肢解任何猎物，还拥有无与伦比的感官能力。最大的霸王龙标本，例如芝加哥菲尔德博物馆的“苏”，体长大约 13 米，体重可能达到 8 ~ 14 吨（不同估计方法会得到不同的结果）。

很容易看出霸王龙是它所在的演化支的集大成者：演化中的一系列捕食者最终成为更大、更有力、更善于捕杀大型猎物的终极捕食者。奥斯本和布朗一定是这样看待霸王龙的。今天我们认为事实其实更加复杂。霸王龙和它的近亲并不是早期的大型捕食者的直系后裔，而是从小型虚骨龙类演化而来的。

计算机断层扫描、计算机模拟和多种不同的数学分析方法使得科学家得以研究霸王龙的肌肉尺寸、奔跑能力、眼球大小、听力、脑部解剖、咬合力、生长速率，以及其他方方面面。这些工作常出现在报纸上或是成为正式发表的论文，这使得霸王龙成为被研究得最透彻的非鸟类恐龙之一。它拥有敏锐的视力、嗅觉，以及听力，可以活到大约 30 岁，体形和体重在青春期晚期会经历巨大的变化，而且可能善于长距离的行走甚至短时间的爆发式奔跑，可用惊人的咬合力来实施杀戮行为。它的身体大部分都包裹着鳞片状的皮肤，不过在躯体的上方可能带有毛发状的羽毛。对它的社会性行为目前了解不多，但是霸王龙的亚洲近亲特暴龙留下的足迹和关联的化石显示，它们可能存在社会性行为。

过去几十年来，大量以霸王龙为主题的研究暗示，相较于其他非鸟类恐龙，这种动物可能被过度研究了。一种更合理的解释是，它极端的生物学特征——毕竟是曾经存在过的最大的双足行走的动物——拥有所有陆生动物中最强壮的下颌、最大的牙齿、最大的眼睛等，都使得它不可阻挡地成为各种研究的主题，堪称一种“模式生物”。霸王龙了不起的名声与人气，以及广为人知的名字也让关于它的研究更容易获得资助。

另见词条： 虚骨龙类（Coelurosaurs）；苏（Sue）；暴龙超科（Tyrannosauroids）。

T

W

Wealden

韦尔登

英国东南部的泥岩、粉砂岩和砂岩组成的白垩纪沉积序列主要位于东萨塞克斯郡和怀特岛郡，产出了具有重要历史意义的恐龙生物群和其他生物。韦尔登地区（严格地说是韦尔登沉积超群）包含了来自早白垩世贝里亚期到早阿普第期的沉积岩，距今 1.45 亿 ~ 1.2 亿年。它内部包含的许多细分地层包含来自洪泛平原、稀树草原、针叶林、沼泽，以及潟湖的沉积，展现了当时频繁的环境变化。因此，韦尔登的化石不应该被视作来自所谓的“韦尔登环境”或者“韦尔登生物群”。相反，我们讨论的是生活在不同时代和生态环境的大量动植物。

韦尔登的恐龙在早期恐龙研究历史上意义重大。欧文命名的恐龙中，两个基础物种禽龙和林龙都来自韦尔登，这里也发现了对蜥脚类和兽脚类早期研究至关重要的化石。发表于 1869 年的韦尔登的鸟脚类恐龙棱齿龙，也是联结鸟类和其他恐龙的关键物种。

最近数十年间，韦尔登也产出了不少激动人心的化石。被研究得最透彻的棘龙类恐龙——重爪龙就是 20 世

韦尔登的多刺甲龙类甲龙

纪 80 年代在韦尔登发现的；21 世纪初，这里还发现了早期暴龙类始暴龙，以及属于雷巴齐斯龙类的梁龙类。新兴的微脊椎化石研究还揭示了韦尔登小型兽脚类恐龙的存在。在本书写作时，对韦尔登的甲龙类、棘龙类以及暴龙类的研究正在进行。关于韦尔登恐龙化石，已经有大量研究文献。我本人和戴维·马迪尔（David Martill）在 2001 年发表了汇总性的作品《怀特岛郡的恐龙》（*Dinosaurs of the Isle of Wight*）。

韦尔登的大部分恐龙都来自威塞克斯组沉积，其中绝大部分位于怀特岛郡西南部暴露在悬崖和海岸边的巴列姆期沉积，距今 1.3 亿 ~ 1.25 亿年。甲龙类的多刺甲龙（*Polacanthus*）、鸟脚类的棱齿龙和禽龙，还有兽脚类的新猎龙和始暴龙都来自威塞克斯组沉积。来自韦尔登更古老地层的恐龙没有前述物种常见，包括甲龙类的林龙、禽龙类的重髂龙和高刺龙，以及神秘的兽脚类的顶棘龙（*Altispinax*）和威尔顿盗龙（*Valdoraptor*）。

另见词条： 禽龙（*Iguanodon*）；理查德·欧文（Owen, Richard）；棘龙类（Spinosaurids）。

Zallinger Mural

扎林格的壁画

扎林格的壁画是最知名、最具影响力也最令人印象深刻的古生物艺术作品，壁画的正式名称是《爬行动物时代》（*The Age of Reptiles*），藏于美国康涅狄格州纽黑文的耶鲁大学皮博迪自然历史博物馆。首先，扎林格的壁画是一件非凡的艺术作品，34 米的长度使得它成为世界上最大的壁画之一。它描绘了当时人们认为的史前世界，成为一时的文化标杆。

壁画的诞生始于当时皮博迪博物馆馆长阿尔伯特·帕尔（Albert Parr）。他认为大厅过于单调，需要一些色彩装点。帕尔询问耶鲁大学艺术学院的刘易斯·约克（Lewis York）是否认识能够创作合适作品的人。约克推荐了年仅 23 岁的鲁道夫·扎林格（Rudolph F. Zallinger）。在得到古生物学家乔治·威兰（George Wielang）和爱德华·里维斯（G. Edward Lewis）的动物解剖学培训后，扎林格在 1942 年开始了这项工作。他使用干绘壁画的技法来创作这幅壁画。这是一种源于中世纪意大利的绘画技法，需要使用来自牛奶或者植物油的有机黏合剂来混合颜料。1943 年

根据扎林格壁画绘制的霸王龙

的10月，工作人员搭起了脚手架，扎林格正式开始绘制。在他创作这件作品期间，博物馆大厅始终都是开放的，因此学者和大众都能了解他的进度。1947年6月，壁画绘制完成。

这幅壁画描绘了晚古生代和中生代的动植物，从右到左的时间线让观赏者可以沉浸地了解它。壁画使用树木来标记不同地质年代。从遍布沼泽的泥盆纪森林出发，转移到干燥、布满岩石的二叠纪，那里居住着异齿龙（*Dimetrodon*）和其他怪兽。之后便出现板龙这样的三叠纪恐龙。随后，画面变得绿意盎然，开始出现侏罗纪的恐龙，栖息在湖中的雷龙和弓着背的剑龙处于壁画的正中。最后，在看起来已经很现代的环境中，背景是火山喷发的碎屑，霸王龙和三角龙正在木兰、棕榈、银杏和柳树中穿行。

这幅壁画的大部分复制品都做了水平翻转处理，从而让图像的时间轴从左边开始。大多数复制品描摹的是缩小的原型，并不是壁画本身。缩小版是在铅笔绘制的速写基础上，使用混合在蛋黄中的快干颜料绘制的蛋彩画。在细节上与壁画并不相同，特别是在动物的解剖结构上多有不同。事实上，很难找到壁画的高质量细部影像，而且皮博迪博物馆似乎有意限制了这种复制，唯一比较好的版本是皮博迪博物馆 1987 年出版的书籍《爬行动物时代》（*The Age of Reptiles*，罗斯玛丽·沃尔佩编辑）。

扎林格在 1995 年逝世。他的儿子彼得也是一位艺术家，创作了若干史前生物主题的作品，其中最知名的出现在约翰·奥斯特罗姆 1986 年的著作《恐龙和其他主龙类》（*Dinosaurs and Other Archosaurs*）中。

Zigong Dinosaur Museum

自贡恐龙博物馆

中国是许多恐龙的故乡，最负盛名的恐龙遗址之一便是位于中国西南的四川省的自贡恐龙博物馆。严格来说，化石遗址位于距离自贡市大约 7 千米的大山铺镇，但自贡这个名字和恐龙已紧密相连。

1977 年，当地在建设石油与天然气开采钻井时发现了这座“恐龙宝库”。在这里最早的发现之一是一具完整的蜥脚类恐龙骨架，它被命名为蜀龙（*Shunosaurus*）。之后又有陆续不断的新发现，显然大山铺已经不仅仅是中国甚至是全亚洲最完好的恐龙化石遗址，而在世界范围内也令人瞩目。从 1979 年到 1989 年，来自中国多家机构的古生物学家组织了一系列发掘活动。发掘出来的恐龙年代属于中 / 晚侏罗世，包括了蜥脚类有极长颈部的峨眉龙（*Omeisaurus*）和马门溪龙（*Mamenchisaurus*），兽脚类的永川龙（*Yangchuanosaurus*），以及剑龙类的华阳龙（*Huayangosaurus*）、巨刺龙（*Gigantspinosaurus*）和沱江龙（*Tuojiangosaurus*）。

大山铺发掘的大多数化石都收藏于中国科学研究院北京古脊椎动物与古人类研究所这样的机构，但海量的化石使得专门成立的自贡恐龙博物馆显得合理而必要。建于开采点旁边的博物馆在 1987 年开放，一直是世界上最吸引人的恐龙主题景点之一。它包括三大部分：首先是一个大展厅，容纳了当地发掘的最引人入胜的恐龙骨架复原；接着是一些展示小型化石的房间与阳台；最后是被步行道包围的原始化石遗址。整个建筑的外形就像一只恐龙，尽管有些抽象，还是可以看出有四只支撑腿、长长的水平脖颈，以及中线上带锯齿的褶皱。这个博物馆既是古生物学家心中的圣地，也是游客热衷造访的景点。

2008 年，为了纪念大山铺恐龙遗址的重要意义，它被收入联合国教科文组织世界地质公园名录。的确，当地侏罗纪化石十分丰富，而且理论上还有超过 14 000 平方米埋藏有恐龙的岩层尚待发掘。

Z

附　录

Appendix

词条索引 · 按汉语拼音排序

T

W

X

Y

Z

致 谢

Acknowledgments

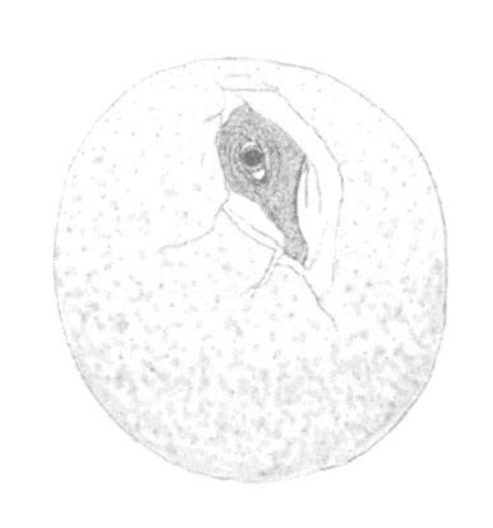

我自己对恐龙的理解，以及大众对恐龙的想象和解释在过去数十年间不断变化。

我对许多帮助我收集信息、学习和对我的写作提出观点的人心怀感激。

在此感谢保罗·巴雷特、罗杰·本森、史蒂夫·布鲁萨特、彼得·布克霍兹、安德里亚·寇、约翰·康威、小汤姆·霍兹、戴夫·霍恩、吉姆·柯克兰、戴维·兰伯特、戴维·马迪尔、艾伦诺·米切尔、乔治·奥尔舍夫斯基、凯文·帕丁、格雷格·保罗、路易·瑞、艾米丽·雷菲尔德、罗恩·赛根、麦克·泰勒、威尔·泰德迪尔、戴维·艾文、马修·韦德尔、萨拉·魏宁，以及马克·威顿。

还要感谢唐·莱斯姆帮助我了解自贡恐龙博物馆。

感谢罗伯特·柯克的大力协助，感谢两位匿名审稿人帮助改善文本，感谢露辛达·特雷德维尔校稿，感谢丹佛·福勒、马丁·辛普森、麦克·泰勒和马修·韦德尔的建议。

最后，感谢我的兄弟盖文为我润色文字，感谢托尼、威尔和艾玛的帮助，感谢我的猫咪摩奇“协助”打字。

译后记

毫无疑问，恐龙是最为大众熟知的古生物类群，针对它们的科普书籍、图册、电影、动画片等早已汗牛充栋。随着多样化的文化传播途径以及科研科普工作者的努力，至少在恐龙相关的话题上，科研与科普的距离并不遥远。与很多艰深的学科不同，关于恐龙的最新研究往往很快就被爱好者圈子熟知，甚至获得大众媒体的广泛报道。这对科研和科普无疑都是有益的，不过，这也让我们在很多时候忽视了这些研究本身的发展过程，把很多结论当作了理所当然。

本书的作者达伦·奈什是恐龙（以及其他灭绝爬行动物）研究和复原的专家，这本《恐龙词典》更像是一本研究拾遗，尽管在内容上很难称之为完善，但读起来轻松愉快，在不同词条中穿插了大量细碎但有趣的故事。从20世纪60年代开始的“恐龙文艺复兴”在极大程度上改变了我们对恐龙的看法，而最近30年在我国以及全球其他地点发现的带羽毛的恐龙则有力地把恐龙和依然生活在我们周围的鸟类深刻联系在了一起。但这一切并不是理所当然的，背后的种种争议、讨论，甚至持不同观点学者之间的斗争都很容易被忽略。

例如，在大量带羽毛的恐龙化石，以及来自分子生物学、发育生物学、生理学等多方面的证据支持下，当下学界已经接受了“鸟类起源于恐龙”的理论，但是如果回溯到20、30年前，甚至100年前，尽管那时的学者可能依然持有类似的观点，但是背后的证据肯定不如今天这般坚实。再举一个例子，今天我们已经习惯了依据臀部骨骼的解剖结构将恐龙分为鸟臀类和蜥臀类，蜥臀类又可细分为兽脚类和蜥脚形态类。尽管还有若干分类位置不定的存疑物种，但这样的大框架是为人熟知的，也是绝大部分学术研究的基础，不过很多爱好者甚至专业的研究人员都不熟悉这样的分类框架建立的历史。本书用了不小的篇幅来解释其中的来龙去脉，甚至分配了两个专门的词条——鸟腿龙类（Ornithoscelida）和植食恐龙类（Phytodinosauria），而在现代研究中这两个词几乎不会被提及。如果要探究这个问题，就必须对大量化石标本进行深入研究，其中也很难排除研究人员的主观判断，毕竟对恐龙和整个古生物学的研究都基本建立在化石形态的基础上不像现代生物学中的各种测序技术提供的数字化数据，化石更像一些模拟信号的组合。因此，古生物学的理论基础事实上并没有想象中牢固，更多的是建立在学界的共识之上，而一旦这些共识被打破，很多固有的认知也需要被重新建立。

在今天技术快速进步的背景下，我们更有理由回溯古生物这个学科的历史，去了解那些今天习以为常的观点背后的由来，以及那些可能已经淹没在出版物中的观点。一方面，我们不妨做一个思想游戏，让自己和不同年代的科学家换位，思考如果在那时有限的技术和化石发现的背景之下，我们会支持什么样的观点；另一方面，在其他领域已经引起剧烈改变的技术，例如大数据和人工智能，是否对古生物学也会产生类似的冲击呢？科普的意义并不只在于传播知识，这些知识背后发现的历史和其所引发的思考也是科普重要的组成部分。因为真正会从事恐龙研究的人很少，而对恐龙感兴趣的人很多，我想奈什的这本《恐龙词典》像是正餐之后的零食，是对现有的那些更加严肃系统的恐龙科普的一个有趣补充。

余琮煜

成都理工大学沉积地质研究院，成都自然博物馆